ハイ・パフォーマンス・アナログ回路設計
理論と実際

高安定/ロー・ノイズ/低歪み…計算と実験で高性能を追求する

▶ANALOG DEVICES　アナログ・デバイセズ株式会社
石井 聡 著

CQ出版社

はじめに

　電子回路に関わっていらっしゃる方で「アナログ」という言葉を聞いて,「レトロ」だとか「時代遅れ」と感じる方はほとんどいないでしょう．一方で近年ではアナログ電子回路に要求される事項として,「ハイ・パフォーマンスな」という修飾語も,他との差別化のためクローズアップされてきています.

　アナログ電子回路は回路理論のうえに成り立つ,物理法則を基本とした電気信号の振る舞いです．良好な性能を得るには,理にかなったかたちで,この「物理現象」に適切に取り組んでいく必要があります．

　しかしながら昨今は技術伝承が進んでおらず,また新しいパラダイムも導入されてきており,なかなかアナログ電子回路技術の習得や再蓄積が進まないという問題が高まってきていることも見受けられます.

　本書はアナログ・デバイセズのウェブ・サイトに掲載されている『一緒に学ぼう！ 石井聡の回路設計WEBラボ』にある技術ノート記事のなかから,特にハイ・パフォーマンスなアナログ電子回路を実現するために有益と思われる記事を厳選して取り上げ,その内容を再度十分に推敲して,加筆・修正し1冊の書籍としてまとめたものです．大きく分けて,発振動作と増幅動作それぞれの安定性,ノイズ解析の考え方とロー・ノイズ化手法,レイアウト・テクニック,コモンモード電圧を考慮した信号検出,そしてこれまであまり文献がないアクティブ・フィルタのノイズ特性の考察,となっています．これらは回路理論を基礎におき記述しているもので,かならずや読者の方々のアナログ電子回路設計のお役にたつものと考えています.

　なお,シミュレーション回路図中の記号表記「V1」などは,本文で参照するところでは「V_1」でシタツキとしてレイアウトしています．表示が異なりますので,あらかじめお断りさせていただきます.

　最後に,本書出版の機会を与えていただいたアナログ・デバイセズ株式会社リージョナルマーケティンググループ ディレクター 舟崎 義一氏,また『一緒に学ぼう！ 石井聡の回路設計WEBラボ』のウェブ編集作業を長い間ご担当いただいている同グループ 山本 祥子氏,そして本書の編集・制作にご苦労いただきましたCQ出版社 清水 当氏,井坂 妙子氏にこの場をお借りしてお礼を申し上げます.

2018年9月　石井 聡

目次

はじめに ………………………………………………………………… 2

第1章 アナログ回路動作の理論と実践
シミュレーションを活用した回路動作の解析　　9

1-1　ウィーン・ブリッジ発振器 ………………………………… 9
- ランプを使って発振を安定化させる ………………………………… 9
- フィードバック（帰還）による発振原理 …………………………… 10
- 発振原理を数式で考える …………………………………………… 11
- 事前実験を開始！ …………………………………………………… 12
- 実際に試作してみた ………………………………………………… 16
- 振幅か位相が振動しているのではないか ………………………… 22
- 利得制御（可変）回路のモデル …………………………………… 24
- COLUMN　ウィーン・ブリッジの $β$ の大きさと位相特性 ………… 27

1-2　OPアンプの開ループ・シミュレーション ……………… 30
- SPICEツールが使われるシーン …………………………………… 31
- OPアンプ回路の開ループをシミュレーション …………………… 32
- 電圧源 V_1 の＋／－端子の電圧はどうなる？ …………………… 36

1-3　LDO不安定性を抵抗とコンデンサの並直列変換で考える … 39
- LDO設計で注意が必要なこと ……………………………………… 40
- コンデンサと抵抗は並直列／直並列変換ができる ……………… 40
- シミュレーションでやってみること ……………………………… 41
- シミュレーションしてみる ………………………………………… 44
- コンデンサを替えてシミュレーションしてみる ………………… 51

第2章 アナログ回路のノイズ特性の理論と実践
抵抗やアンプのノイズをシミュレーションと試作で検証する　55

2-1 抵抗のサーマル・ノイズをSPICEで解析する
基本的な考えかた ……… 55
- ■ ここでの「ノイズ」とは「ホワイト・ノイズ」……… 56
- ■「ノイズ源」と言っても「電圧源」……… 58
- ■ 並列接続抵抗のノイズはどうなる？……… 58
- ■ NI Multisimでシミュレーション ……… 60
- ■ シミュレーション結果 ……… 63
- ■ マーカと計算値を比較してみる ……… 65
- ■ 入力回路に並列に1kΩを接続してみる ……… 67
- ■ 電圧ノイズ源を等価電流ノイズ源に変換してみる ……… 68

2-2 ロー・ノイズOPアンプの性能をSPICEで最適化する
基本的な考えかた ……… 71
- ■ 実際のOPアンプのノイズ・モデル ……… 72
- ■ まず一般的な帰還抵抗を用いてみた ……… 72
- ■ 帰還抵抗を小さくしてみた ……… 75
- ■ さらに帰還抵抗を小さくしてみた ……… 77
- ■ 入力換算等価「電流源」にしてみる ……… 78
- ■ 信号源抵抗を大きくしてみる ……… 81
- ■ 全体のRMSノイズ量を求めてみる ……… 83
- ■「等価ノイズ抵抗」という概念がある ……… 83
- ■ 現実の信号源には信号源抵抗がある ……… 84

2-3 回路構成ごとで最適なロー・ノイズ特性を実現する
OPアンプを選ぶための道しるべ ……… 85
- ■ 電圧性/電流性ノイズの低いOPアンプ…ベスト100 ……… 86
- ■ OPアンプ内部ノイズの現実の大きさと抵抗から生じる
サーマル・ノイズ ……… 87

- ■ OPアンプの等価ノイズ抵抗 R_N で考える ……… 88
- ■ ロー・ノイズ設計での定石「初段と後段の設計」……… 89
  - COLUMN　1涅槃寂静 $A/\sqrt{Hz}$ ……… 87

2-4 製作したAD797超ロー・ノイズOPアンプ回路の特性評価と測定実験をしてみる ……… 91
- ■ 作った2段アンプ回路の紹介 ……… 92
- ■ 作った2段アンプ回路の周波数特性 ……… 95
- ■ ステップ応答で安定性の確認 ……… 96
- ■ サーマル・ノイズ測定実験のための前準備 ……… 99
- ■ いよいよ1 kΩのサーマル・ノイズを確認 ……… 103
- ■ 測定結果を電圧値に変換して比較してみる ……… 105

第3章　アナログ回路のレイアウト・テクニック
プロトタイプ製作やプリント基板で実験しながら検証する　　123

3-1 低入力容量アンプ回路を実現するOPアンプの選定と試作 ……… 123
- ■ 最終的にできあがった回路 ……… 124
- ■ 当初の「動くだろう」という目論見の回路 ……… 125
- ■ AD8021の実装のようす ……… 127
- ■ 無垢の基板と周辺部品のレイアウト ……… 128
- ■ 大振幅時の周波数応答特性 ……… 129
- ■ 実際の利得と小信号周波数特性 ……… 129
- ■ このアンプの目的は水晶発振回路の測定だった ……… 134
- ■ バイアス電流の問題の対策をどうするか ……… 135
- ■ 最後にすこし補足 ……… 138

3-2 低周波アナログ回路の想定どおりでない
不思議な動きの原因を突き止める ················· 140
- ■ 使用したIC ·· 141
- ■ アナログ回路プリント基板の回路構成 ························ 143
- ■ 来訪した知人が問題点を見つける ····························· 145
- ■ 仮説を検証するため実験してみる ····························· 147
- ■ これはプリント基板のパターン・レイアウトが怪しい！ ········ 149
- ■ だんだんトラブルの原因が特定できてきた ·················· 151
- ■ これらの実験的アプローチで仮説が検証でき問題を修正できた ·· 156

第4章 差分電圧の検出とその限界
ディファレンス・アンプや計装アンプによる差動回路　　**163**

4-1 電子回路で生じるコモンモード・ノイズと差動回路の活用 ·· 163
- ■ コモンモード電圧は2点間のグラウンド電圧の差異 ·········· 163
- ■ 神の方式…差動伝送／差動回路 ································ 167
- ■ 神の差動回路に生じる現実世界での限界 ····················· 171
- ■ 差動回路で重要な概念CMRR ·································· 174

4-2 重ね合わせの理は信号変換やディファレンス・アンプの
解析など多岐に活用できる ··· 176
- ■ 電子回路で重要な定理「重ね合わせの理」をイメージする ··· 177
- ■ 中心電圧をオフセットさせるにはどうすればよいか ·········· 178
- ■ 重ね合わせの理を使ってまずは入力信号の増幅率を考える ·· 178
- ■ 非反転入力端子に何Vを加えればよいのか ··················· 182
- ■ ディファレンス・アンプというアンプがある ················· 183
- ■ ディファレンス・アンプを重ね合わせの理の視点で考える ··· 184
- ■ 各端子の駆動には実は注意が必要 ····························· 188

4-3 ディファレンス・アンプでのCMRR特性と信号源の構成との関係 ……… 192

- ■ ディファレンス・アンプはコモンモード電圧をどれだけ抑制できるかが重要 ……… 192
- ■ 周辺素子によるCMRR低下のようすをシミュレーションで確認してみる ……… 196
- ■ なぜ差電圧源抵抗がCMRRを低下させるか ……… 201
- ■ ディファレンス・アンプのひとつ 電流検出アンプは入力抵抗が高い ……… 203
- ■ 電圧源抵抗を考慮しなくてもよい構成はあるのか ……… 205
- COLUMN 「スーパーホジション」が「重ね合わせ」なのはちょっと不思議 ……… 194

4-4 ディファレンス・アンプと計装アンプでのCMRR劣化の周波数特性と補償方法 ……… 206

- ■ ディファレンス・アンプの入力容量によるCMRRの劣化（抵抗素子はマッチング状態） ……… 206
- ■ 対地静電容量のCMRRへの影響度の軽減方法を考える ……… 213
- ■ CMRRを最大化する補償回路をシミュレーションしてみる ……… 215

第5章 アクティブ・フィルタのノイズ特性について考察する
LTspiceによるノイズ・シミュレーション技法を活用して　221

5-1 ノイズ特性のシミュレーション方法とアクティブ・フィルタのノイズ源 ……… 221

- ■ OPアンプ回路でのノイズ解析の考えかた ……… 221
- ■ LTspiceでノイズ特性をシミュレーションする方法 ……… 224
- ■ Q値が変わるとノイズの変化が大きくなるのはノイズ・ゲインが変わるから ……… 228
- ■ OPアンプ回路のノイズ・ソース3要素の影響度を異なるシミュレーション・アプローチで考える ……… 231

5-2 サレン・キー型と多重帰還型を
　　ノイズ特性の面で比較する ………………………………… 236
　■ サレン・キー型と多重帰還型LPFを比較する ……………… 236
　■ LT1128にOPアンプを交換してノイズ特性を考える ……… 240
　■ LT1128のLPFでの電流性ノイズや抵抗の
　　サーマル・ノイズの影響 …………………………………… 242
　■ 本当にこれで最適か ………………………………………… 248

5-3 複数の2次アクティブ・フィルタを
　　カスケードにする順番を考える ……………………………… 251
　■ 高次フィルタを実現するため
　　2次アクティブ・フィルタをカスケード接続する …………… 251
　■ 得られたノイズ特性は最適なのか（$A=+1$のケース）…… 256
　■ 得られたノイズ特性は最適なのか（$A=+2$のケース）…… 258
　■ なかなか思いどおりの展開にいかない …………………… 262
　■ サレン・キー型LPFの弱点 ………………………………… 267

参考文献 ……………………………………………………………… 269
索引 …………………………………………………………………… 271
著者紹介 ……………………………………………………………… 279

第1章
アナログ回路動作の理論と実践
シミュレーションを活用した回路動作の解析

　この章では手始めに，回路シミュレータであるSPICEを活用しながら，いくつかのアナログ回路の基本的な動作について解説していきます．SPICEをはじめとする回路シミュレータは，現代の回路設計において必要不可欠なツールといってよいと思います．

1-1　ウィーン・ブリッジ発振器

　ウィーン・ブリッジ発振器（Wien bridge oscillator）という低周波発振回路があります．お遊びがてらにウィーン・ブリッジ回路の製作と，発振原理の解説を（こちらはまじめに）してみましょう．
　ウィーン・ブリッジ発振器は音楽の都ウィーンで作られたものではなく，Max Wienが最初に開発したのだそうです．これを，ヒューレット・パッカード社の創設者の一人であるWilliam Hewlettが修士論文で研究し，それが同社の最初の製品になったそうです[1]．

■ ランプを使って発振を安定化させる

　後で詳しく説明しますが，この回路では発振を安定化させるためにランプ（電球）を使います．「なぜLEDでなくランプを使うのか？」と思うかもしれませんが，ランプなのです．
　現代の実際の回路設計では，ランプを使わずに，FETなどによる発振安定化策を用います．この回路では，簡便に実現できること，原理を説明するという趣旨から，ランプを使っています．

● ランプの電圧対抵抗特性

　ランプは図1のように，加える電圧に応じて抵抗値が変化します．このデータは，目的の電圧で目的の抵抗値が得られそうなランプを買ってきて，うち2つを測定したものです．

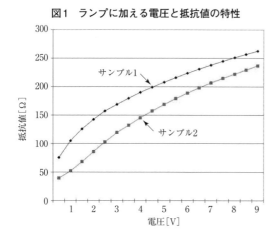

図1 ランプに加える電圧と抵抗値の特性

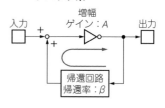

図2 正帰還で発振させるフィードバック系

■ フィードバック(帰還)による発振原理

図2は正帰還で発振させるフィードバック系です．ウィーン・ブリッジ発振回路も，この系と同じかたちで動作します．「ブロック線図はよく書籍とかに出てくるけど，嫌いだなあ」と思われる方もいるかもしれませんが，以降に回路図を示していくのでご勘弁いただくとして，まずはシステム(系)としてどのように動くかを，このブロック図で理解してみましょう．

OPアンプなどは「負帰還」が用いられますが，発振させるためには「正帰還」としてフィードバックを構成して，振幅変化を増長させるように回路を動かします．発振させるには，図2の左側の入力は不要になります．正帰還の発振条件は，次式で表せます．

$A\beta = 1$

$\mathrm{ANGLE}(A) + \mathrm{ANGLE}(\beta) = 0°/360°$

A：ゲイン

β：帰還率

この正帰還の発振条件を満足すれば，安定して発振が継続することになります．

$A\beta > 1$

であることが必要です．発振開始時は，内部ノイズとか，電源ON時のスパイクなどが発振の「種」となって，発振が開始します．また，系を1周したときに位相が0°(もしくは360°)になることが発振条件になる点も重要です．あとで回路図を示しますので，具体的に実際のOPアンプ回路で理解してみましょう．

● 利得が1なのはわかるが…

　$A\beta = 1$ だと説明しましたが，これが実は難関です．ぴったり「イコール1」にするのは素子の誤差などがあり，現実には（普通は）実現できません．ここで，図1のランプの「電圧に応じて抵抗値が変化する」という機構がポイントになります．

　発振原理は数式では定義できても，イメージがなかなかつかめません．ちょっと不適切ですが，「朝令暮改の組織」…組織の動きに対して指示変更が早すぎて，気が付くと右左に振り回されているだけ，という感じでしょうか．まあ「朝令暮改」は，発振というより「収束しない」といったほうが適切かもしれませんが…．

● 基本回路図

　ブロック図は発振原理のところ（図2）で示しましたが，実際のOPアンプを使った回路図（詳細定数などは入れていないが）を図3に示します．

　ゲインAは図中のように，R_3とR_4で決まります．周波数関係はウィーン・ブリッジ部分の帰還回路βで決まりますが，これは破線の囲みの中の素子で決まることになります．

■ 発振原理を数式で考える

　ここで増幅（ゲイン：A）部分は位相が回らない（変化しない）ものとし，βの位相が変化して，どのような関係で「位相が0°（もしくは360°）」になるかを，発振原理を数式として考えてみました．式の導出は本節の最後に付け加えたコラムを参照ください．基本は説明したように2つです．

　　条件1：$A\beta = 1$
　　条件2：ANGLE（A）＋ ANGLE（β）＝ 0°／360°

　この2条件を満足する周波数で発振します．まずは，条件2を満足する周波数を探し出して，その後に条件1のβの大きさを求めてみます．なお$\beta = 1/3$になります．

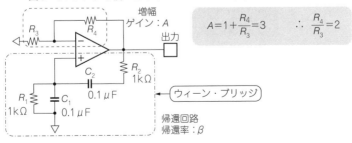

図3　OPアンプを使ったウィーン・ブリッジ発振回路の基本回路

$$A = 1 + \frac{R_4}{R_3} = 3 \quad \therefore \quad \frac{R_4}{R_3} = 2$$

■ 事前実験を開始！
● テスト用の治具

　実験結果は以降で説明しますが，実験回路用の治具（fixture）の外観だけ**写真1**に示しておきます．kHzオーダの低い周波数ですから，こんなにリード線が伸びたままでも，それなりの結果が得られます．$R = 1\,\mathrm{k\Omega}$，$C = 0.1\,\mu\mathrm{F}$です．

● ウィーン・ブリッジの応答特性を計算してみた

　ウィーン・ブリッジの伝達関数の式は先のとおりですが，実際のウィーン・ブリッジの応答特性を，計算式をベースにしてグラフ化してみました．**図4**と**図5**をご覧ください．$R = 1\,\mathrm{k\Omega}$，$C = 0.1\,\mu\mathrm{F}$です．

　ウィーン・ブリッジのすごいところは，発振する周波数でβが最大になることです．「良くできているなあ」と自分も感心しました（今まで深く検討したことがなかった…）．普通のCR移相フィルタではなかなかこうはなりません．

　計算では発振周波数が1590 Hzになります．ここで，振幅が最大（$\beta = 1/3 \fallingdotseq 0.333$），位相がゼロになっていることがわかります．

　「この計算はホント？」と思う方もいらっしゃるかと思いますので，NI Multisim Analog Devices Edition[注1]で以降，シミュレーションもしてみましょう．

写真1　テスト用の治具

注1：執筆当時はNational Instruments社のNI Multisimをベースにしたものがアナログ・デバイセズの製品評価用SPICEシミュレータだった．以降，SIMetrixをベースにしたADIsimPEを経てLTspiceに至っている．NI Multisimの無償版は現在でも同社からMultisim for Education Student Editionとして入手することができる．なお，以降に示していくSPICEシミュレーションとしての基本的な考えかたはシミュレータに依存せず，すべて同じとなる．

● 「発振する周波数でβが最大になる」ということは

「発振する周波数でβが最大になることです」と書きました．今回のような基本的な低周波発振回路であれば，作ったとおりに動作するので，そんなに問題はありません．しかし，

図4 R＝1kΩ, C＝0.1μF時のウィーン・ブリッジ部分の伝達関数の振幅特性

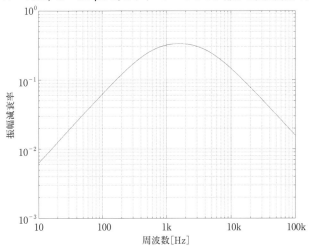

図5 R＝1kΩ, C＝0.1μF時のウィーン・ブリッジ部分の伝達関数の位相特性

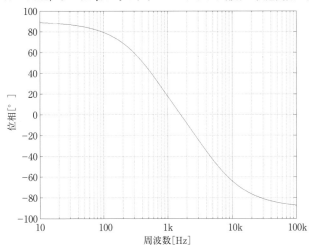

もっと高い周波数の発振回路では，想定外の周波数で利得の高いところが寄生的にできたりして，異常発振のトラブルになることが結構あります．

発振器としてではなく，高周波用増幅器として設計した場合も同様で，これらの理由が絡み合って予期しない周波数で発振（異常発振）してしまうことがあります．私もそういう痛い目を多く見てきたので，「良くできているなあ」と改めて，いや，しみじみ思った次第です．

● SPICEシミュレータでシミュレーション

NI Mulitisim Analog Devices Editionでウィーン・ブリッジをシミュレーションしてみました．図6と図7をご覧ください．当然といえば当然ですが，同じ結果です．

● 周波数領域と時間領域での実測結果

ここまで，数式での発振条件の導出，数値計算，SPICEシミュレータでフィードバック（ウィーン・ブリッジ）部分のβの特性を考えてきました．

ここでは周波数領域と時間領域それぞれについて，写真1の治具を使った実験回路で実測した結果を示します．周波数領域の測定結果を，図8と図9に振幅，位相特性として示します．周波数1568 Hz，$\beta = -9.73$ dB，このときに位相が0°になっています．これまでの検討とほぼ同じ結果になりました．

周波数の低いところでプロットが階段状になっているのは，測定器（ネットワーク・アナライザ）の周波数ステップ送りの限界のためです．

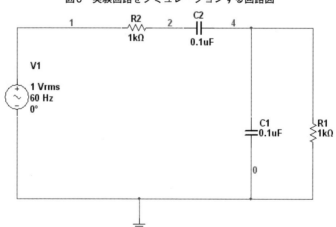

図6　実験回路をシミュレーションする回路図

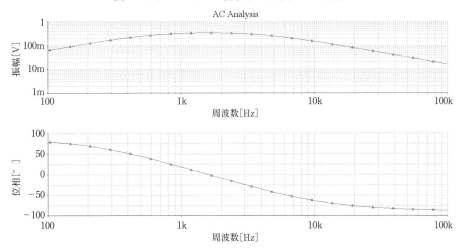

図7 シミュレーション結果（上：振幅，下：位相）

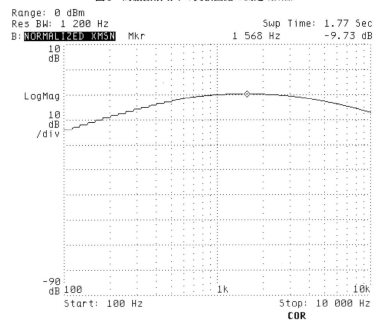

図8 周波数領域での実験回路の測定（振幅）

図9 周波数領域での実験回路の測定（位相）

オシロスコープで時間領域でも測定してみました．この実験回路に発振器から信号を与えて，応答のようすを測定してみました．**図10**をご覧ください．周波数1569 Hzです．発振器がアナログ式なのでぴったり1568 Hzではありません．入力は2 V，出力は690 mVで，36%（計算上は33.3%）になっています．位相は入出力間でほぼ0°です．

図11では2倍の周波数にしてみました．位相が遅れ位相になっています．シミュレーションの結果や周波数領域での測定どおりです．

図12では1/2の周波数にしてみました．位相が進み位相になっています．これもシミュレーションの結果や周波数領域での測定どおりです．

事前準備はこれで終わりです．次に試作してみます．

■ 実際に試作してみた

● 試作したウィーン・ブリッジ発振回路

試作した回路図を**図13**に示します．電源は±12 V，デカップリング・コンデンサは手持ちの220 μFを使いました．1 kHzで1 Ω以下になりますから十分でしょう．本来はもっと高い周波数のデカップリングのために小容量のコンデンサを付けるべきですが，発振周波数

図10 時間領域での実験回路の測定．周波数1569 Hz，入力2V，出力690 mV（計算上は33％）

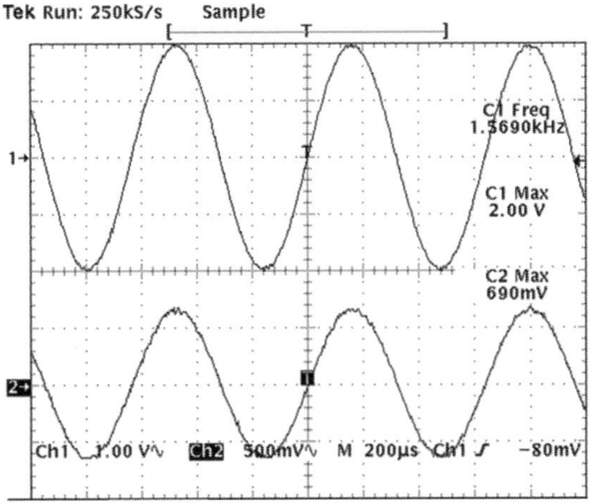

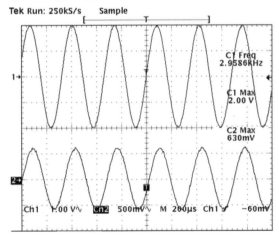

図11 2倍の周波数にしてみた．遅れ位相になっている

が低いことと手抜きで付けていません．

500 ΩのボリュームR_4とランプR_3で2:1の抵抗比になるようにします．**図1**のようにランプの抵抗値が振幅によって変わるので，ランプが振幅レベルの自動制御をしてくれます．これで「ぴったり$A\beta=1$」にもっていきます．なお，ボリュームR_4にも数10 mA流れますので，選定にはワッテージに注意が必要です．

OPアンプを適切に選定する必要があります．最初に示したランプの抵抗値（**図1**）を見て

いただくとわかるように，ランプに10～20 mA程度を流さないといけません．それだけ出力電流に余裕のあるOPアンプを選定する必要があります．

図12 1/2の周波数にしてみた．進み位相になっている

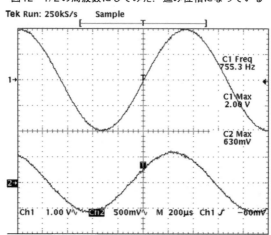

図13 AD797を用いて試作したウィーン・ブリッジ発振回路

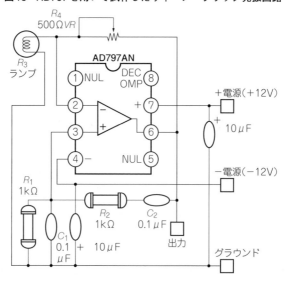

そのためだけではありませんが，ここでは出力電流の標準値が50 mAである，AD797ANZを使ってみます[(2)]．AD797は出力電流が（ちょっと）大きめというだけではなく，超ロー・ノイズ，超低歪みのOPアンプです．いろいろな用途で使うことができると思います．

● 試作基板のようす

500 Ω，B特性（回転による抵抗値の変化がリニアなもの）のボリュームを入手し，形として完成した試作基板を写真2に示します．試作用基板側のピッチが200 mil (2.54 mm × 2)なので，ICソケットとピン・ヘッダをはんだ付けし，ピン・ヘッダの足を開いて実装しています．このような基板が試作には楽でいいです．いずれにしても低い周波数だからいいわけで，周波数が高くなればなるほど，適切な実装が必要といえるでしょう．

写真3の黒いリード線が出ているところが，1点アースとして設定したポイントで，ランプからの大電流がこのポイントに流れ込むことになります．写真3のとおり，ランプの足は長くしたままです．値段が高めなので再生を考えてという情けない理由です（笑）．配線が長いと誘導性（とくに電灯線100 Vの）ノイズを拾いやすいものですが，さて，結果は？

● 動作させてみた

±12 Vの電源をつないだら図14のようにちゃんと発振しました（基礎実験はしてあったものの，よかった！）．ボリュームR_4を調整して振幅を約12 V_{p-p}にしてみました．だいたい1.56 kHzです．

図15のように周波数領域で測定してみました．広帯域で見てみると，5次高調波まで，3次高調波以外はノイズ・フロア以下です．自分でも驚きました．スペクトラム・アナライザをデフォルトの設定で普通に測定すると，この3次高調波も元々フロア以下であり，ここ

写真2　試作基板のようす

写真3　黒いリード線が出ているところが1点アース・ポイント

図14 オシロスコープで観測した発振波形

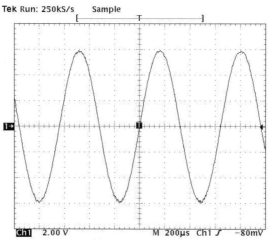

図15 周波数領域で発振波形を5次高調波まで測定

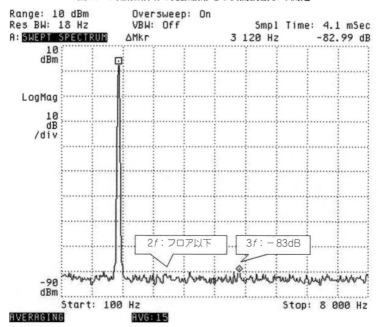

ではRBW（Resolution Band Width；分解能帯域幅）を狭めにし，さらにアベレージングをかけてノイズ・フロアを下げて観測しています．

3次高調波は－83 dBcです．歪み率計がありませんでしたので，この数値で換算すると，歪み率0.01％以下というところです．

図16はスパンを500 Hzにして，50 Hzの電灯線ノイズが乗っていないか（いや，絶対に乗っているだろう）を確認してみたものです．意外や意外，かなり低いです．ノイズ（スプリアス）の周波数が±55 Hzのオフセットになっていて，これが電灯線からのノイズなのか？ 測定系の誤差なのか？ ちょっとわかりません…（標準信号発生器にサイン波で変調を掛けたものを測ってみればわかる…しかしこんなに大きな周波数ずれはないはず）．

OPアンプのPSRR（Power Supply Rejection Ratio；電源電圧変動除去比）が良いにしても，実装が簡易的なものですから，期待していなかったのに結構良いところが出ました．

図17はさらにもっと近傍のノイズを確認したものです．RBWが広めですが，観測されるはずの1/fノイズで変調されているようすもほとんどわかりません．ところが変なスペクトルがあります．これは「まあいいか」と見逃してしまいがちなモノかもしれません．しかし，「やっぱり確認してみてよかった！」といえる結果になってしまいました….

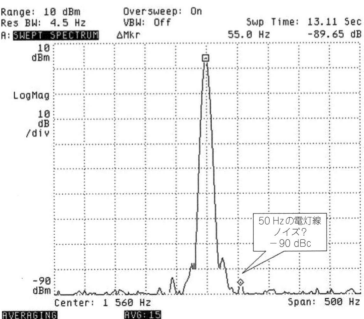

図16 周波数領域で発振波形の近傍を測定（500 Hzスパン）

図17 発振波形のさらに近傍を観測（50 Hzスパン）

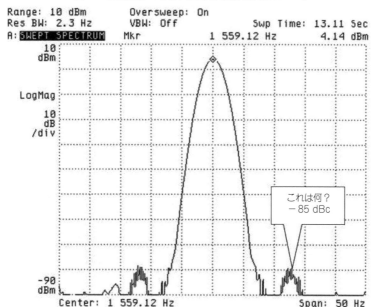

■ 振幅か位相が振動しているのではないか

「12 Hzくらいで振幅か位相が振動しているのではないか？」という疑念が出てきました．

振動しているというのは振幅安定動作系（ランプ）が不安定（位相余裕が少ない）であるということで，こういうときは，もし振幅的な変動であれば，電源投入時の立ち上がり特性（ステップ応答）を測定してみれば判断できます．

● 発振の立ち上がりを観測する

そこで，どのように発振が立ち上がっているのか測定してみました．図18の発振開始波形は，きちんと振幅レベルが大きくなって（成長して）から目的の振幅レベルに収束する，という本来あるべき姿で問題ありません．

しかし，波形が「見た目でなんか変だな」と思われるので，収束後を拡大して見てみました．それが図19です．25 Hzの変調信号でAM変調が加わっているように見えます．

定常状態になったときにスペクトラム・アナライザで測定した周波数領域の表示（図17）では，12 Hz程度のところに変なスペクトルが発生しています．ところが上記の測定では，

図18 電源投入時の発振波形の立ち上がりを観測（200 ms/div）

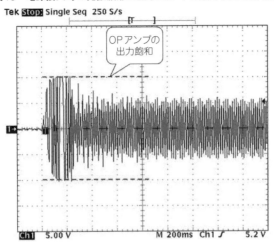

図19 電源投入後に発振波形が安定して収束したと思われる状態を観測（20 ms/div に拡大）

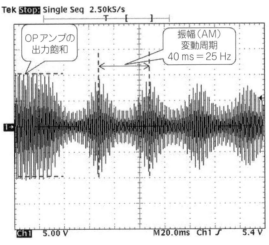

振動周波数は25 Hzです．ちょうど1/2ですが，何がどうなのかは現段階でははっきりわかりません．

図17のスペクトラム・アナライザの設定はスパンが50 Hzなので，振動周波数と思われる25 Hzは表示範囲外ともいえます．立ち上がりから，時間をかけて振幅が収束していくな

かで，25 Hzが消滅し，何かしら12 Hzが振幅変動（発振）として残っているか，振動変動条件が時間変化しているか？…というところでしょうか．

● 簡単に見える回路の落とし穴

しかしこれは，「この回路の落とし穴」ではないかと思われます．このウィーン・ブリッジ発振回路の振幅安定動作系でランプが遅れ位相となり，そこで振幅発振（振幅変動）の位相条件が満たされている可能性があります．しかし，12～25 Hzではウィーン・ブリッジの帰還量βが小さいため，ループとして利得が1になる（発振条件が持続する）のか？…という疑問も生じます．

とはいえ最初に書きましたように，ランプを使ったウィーン・ブリッジはWilliam Hewlettが修士論文で研究したようです．単に発振するだけでは修士論文ともなりませんでしょうから，この振幅変動の条件も解析したのか？（論文を起承転結とすると，「転」がここかも）とか思いました．

従来から販売されているウィーン・ブリッジ型のアナログ発振器は，ランプを使わずに，FETによる疑似可変抵抗を用いて安定化しています．そのため，この回路とは動作条件が異なる可能性もあります．

■ 利得制御（可変）回路のモデル

まずは，ランプによる利得制御回路がどのようになるのか？…という点を測定してみました．抵抗値はランプのフィラメントの温度に依存しているようで，電源を複数回ON/OFFしてみると，電源投入時のOPアンプの初期利得が大きくなったり，小さめになったりしています．複数回のON/OFFで，フィラメントの温度が変わっているからでしょう．

これはもう少し定量的に測る必要もありそうです．ともあれ**図20**をご覧ください．この図はOPアンプAD797の非反転入力端子に直流電圧1 Vを加えた状態で，回路の電源をONし，ランプに流れる電流量による抵抗変化で生じる利得変化の時間経過を見た様子です．発振が安定する状態でゲインが3倍になるべき回路です．

1 V入力で，利得変化が収束した状態で約3倍 + αの3.8 V程度が出力されています．この図から1次系として（精密ではないが）時定数を考えると100 msくらいでしょうか．

これを振幅という量でブロック線図として振幅安定動作系でモデル化してみると，**図21**のようなモデルになるのではと予測してみました．時定数100 msくらいというのは，問題点と符合しそうです．

● シミュレーションで確認してみた

$A = 3$の利得が変わることにより，発振の立ち上がりがどのように変化するかをシミュレー

図20 電源投入後のOPアンプの利得変化の時間経過を観測

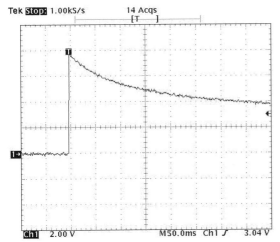

図21 振幅という量でモデル化してみる

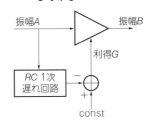

図22 $A=3$の利得が若干増加したときの発振の立ち上がりをシミュレーションしてみる回路図

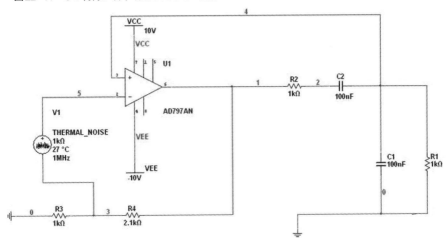

ションで確認してみました．シミュレーション回路図を図22に示します．この回路図にはノイズ源が付いていますが，発振を確実に立ち上げるための「種」にしています．

このシミュレーションでわかるように，利得を3.1（図23）と3.05（図24）に変えたときで，発振の立ち上がるようすがだいぶ変わってきていることがわかります．指数関数（exponential）で

波形が立ち上がることがわかります．

● 何とかまとめにもっていきたい…
いろいろと解析してきました．まだ本来であれば不足かもしれませんが，何とかそろそろ，まとめにもっていきたいと思います．

発振の動きは「正帰還」になっているわけですね．ここまでの検討でも，計算どおりに回路が発振していることがわかりました．また，振幅安定動作系は「若干発振気味」になっていて，本来あってほしくない発振条件が内在しています．

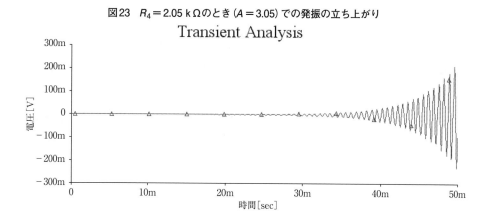

図23　$R_4 = 2.05\,\mathrm{k}\Omega$のとき（$A = 3.05$）での発振の立ち上がり

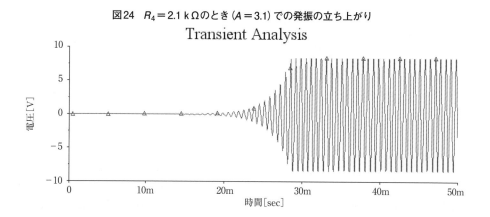

図24　$R_4 = 2.1\,\mathrm{k}\Omega$のとき（$A = 3.1$）での発振の立ち上がり

回路の利得を $A = 3$ の状態から大きめに変化させていけば，それに応じて指数関数で発振波形が大きくなっていくようすもわかりました．

ランプの等価回路を考えてみれば，その抵抗値変化の傾斜のようす（微分値）がそのまま発振波形の成長変化に関係するようです．また，この傾斜量（微分値）が大きければ，発振安定動作系のループ・ゲインが大きくなり，その結果として振幅変動の発振が生じやすいということにつながるとも考えられます．

これらの関係がちょうど良いところで，12 Hz（立ち上がり波形からは原因が見えなかったが）とか 25 Hz 程度の振幅変動が生じていたのだと推測できます．

これらを考えると「William Hewlett の修士論文」というのをぜひ見てみたいと思うところです．

COLUMN

ウィーン・ブリッジの β の大きさと位相特性

● 帰還回路出力の位相ゼロが発振条件のひとつ

角周波数 ω（$\omega = 2\pi f$）で考えます．そうすると，**図 3** の C_1，C_2，R_1，R_2 の回路で，帰還回路出力 C_1，R_1 と C_2 の接続点での電圧 V_{FB} は以下のようになります．

OPアンプの出力電圧を V_{out} とすれば，

$$V_{FB} = \frac{\dfrac{R_1/j\omega C_1}{R_1 + 1/j\omega C_1}}{R_2 + \dfrac{1}{j\omega C_2} + \dfrac{R_1/j\omega C_1}{R_1 + 1/j\omega C_1}} V_{out} \quad \cdots\cdots (1)$$

ここで，

$$\frac{R_1/j\omega C_1}{R_1 + 1/j\omega C_1}$$

の部分の分母，分子に $j\omega C_1$ をかけると，

$$\frac{R_1}{j\omega C_1 R_1 + 1}$$

となりますから，式(1)は，

$$V_{FB} = \cfrac{\cfrac{R_1}{j\omega C_1 R_1 + 1}}{R_2 + \cfrac{1}{j\omega C_2} + \cfrac{R_1}{j\omega C_1 R_1 + 1}} V_{out} \quad \cdots (2)$$

と計算できます．ここでさらに分母，分子に，分子の逆数である

$$\frac{j\omega C_1 R_1 + 1}{R_1}$$

をかけると，

$$V_{FB} = \cfrac{1}{\left(R_2 + \cfrac{1}{j\omega C_2}\right)\left(\cfrac{j\omega C_1 R_1 + 1}{R_1}\right) + 1} V_{out} \quad \cdots (3)$$

となります．さらに分母を少し変形させると，

$$V_{FB} = \cfrac{1}{\left(R_2 - \cfrac{j}{\omega C_2}\right)\left(\cfrac{j\omega C_1 R_1 + 1}{R_1}\right) + 1} V_{out}$$

$$= \cfrac{1}{\left(\cfrac{\omega C_2 R_2 - j}{\omega C_2}\right)\left(\cfrac{j\omega C_1 R_1 + 1}{R_1}\right) + 1} V_{out} \quad \cdots (4)$$

だいぶややこしくなってきましたね．もうちょっとです．ここで，式(4)の

$$(\omega C_2 R_2 - j)(j\omega C_1 R_1 + 1)$$

の部分だけが複素数になっています．ここの虚数部分がなくなれば，式(4)全体が実数部だけになります（発振条件のうちの位相条件）．そこで，この項の虚数部分がゼロになる関係を求めてみます．式を展開してみると（2個目のカッコは実数/虚数の順番を変更した），

$$(\omega C_2 R_2 - j)(1 + j\omega C_1 R_1) = \omega C_2 R_2 - j + j\omega^2 C_1 R_1 C_2 R_2 + \omega C_1 R_1 \quad \cdots (5)$$

ここで虚数部だけを取り出し，それがゼロであればいいわけで，

$$-j + j\omega^2 C_1 R_1 C_2 R_2 = 0,$$
$$-1 + \omega^2 C_1 R_1 C_2 R_2 = 0$$

と計算できます．これが成立するときの角周波数ω_0は，

$$\omega_0^2 C_1 R_1 C_2 R_2 = 1$$
$$\omega_0 = \sqrt{\frac{1}{C_1 R_1 C_2 R_2}} \quad \cdots (6)$$

周波数 f_0 で表せば,

$$f_0 = \frac{1}{2\pi\sqrt{C_1R_1C_2R_2}} \quad \cdots\cdots(7)$$

となり，この周波数 f_0 で発振することになります（ただし振幅条件は以下のように別途必要）．
一般的には，$R = R_1 = R_2$，$C = C_1 = C_2$ としますから，

$$f_0 = \frac{1}{2\pi CR} \quad \cdots\cdots(8)$$

となります．

● $f_0 = 1/2\pi CR$ のときの帰還量 β

ここまでで位相条件は求まりました．それでは，このときのこの回路のロス（つまり帰還量 β）はどうなるかを計算してみます．計算はさすがに疲れたので，$R = R_1 = R_2$，$C = C_1 = C_2$ としてしまいます（笑）．

まず，式(4)をもってきて，$\omega_0 CR = 1$ ですから，

$$V_{FB} = \frac{1}{\left(\dfrac{\omega C_2 R_2 - j}{\omega C_2}\right)\left(\dfrac{j\omega C_1 R_1 + 1}{R_1}\right) + 1} V_{out}$$

($R = R_1 = R_2$, $C = C_1 = C_2$ から)

$$= \frac{1}{\left(\dfrac{1-j}{\omega C}\right)\left(\dfrac{j+1}{R}\right) + 1} V_{out}$$

$$= \frac{1}{\left(\dfrac{1^2 - j^2}{\omega CR}\right) + 1} V_{out} = \frac{1}{\dfrac{1+1}{1} + 1} V_{out} = \frac{1}{3} V_{out} \quad \cdots\cdots(9)$$

つまり，ウィーン・ブリッジが発振する周波数が ω_0 では，この回路の帰還量 β は，

$$\beta = \frac{V_{FB}}{V_{out}} = \frac{1}{3} \quad \cdots\cdots(10)$$

となるわけですね（− 9.5 dB）．ここで本文の**図3**で，R_3 と R_4 で形成される利得 A が 3 であれば，ループ1周で利得が1になり（発振条件のうちの振幅条件），f_0 の周波数でウィーン・ブリッジが発振することになります．

1-2　OPアンプの開ループ・シミュレーション

　SPICEシミュレーション・ソフトウェアNI Multisim Analog Devices Editionは，Analog Devices Edition［p.12, 脚注（1）を参照］ということで，使用可能素子数に制限はありますが，SPICE解析をイメージしなくても，信号源やオシロスコープ，ボーデ・プロッタなどを仮想的に接続して，波形観測ができるという優れものです．製品版も低価格です．業務で使用するのであれば，それほど高くありません．

　また，アナログ・デバイセズのかなりの製品のSPICEモデルが使えるようになっています．これを使って，少し遊んでみようと思います．

● どのようなツールがあるか

　波形観測できるツール群を紹介しましょう．これらは「仮想測定器」というツール群です（**図25**）．SPICE解析上での面倒な解析パラメータを入れることなく，SPICEで言う，いわゆるProbe機能の設定をほとんどせずに，まるではんだ付けして測定器で測定する感覚でシミュレーションできます．

図25　NI Multisimで使える仮想測定器ツール群

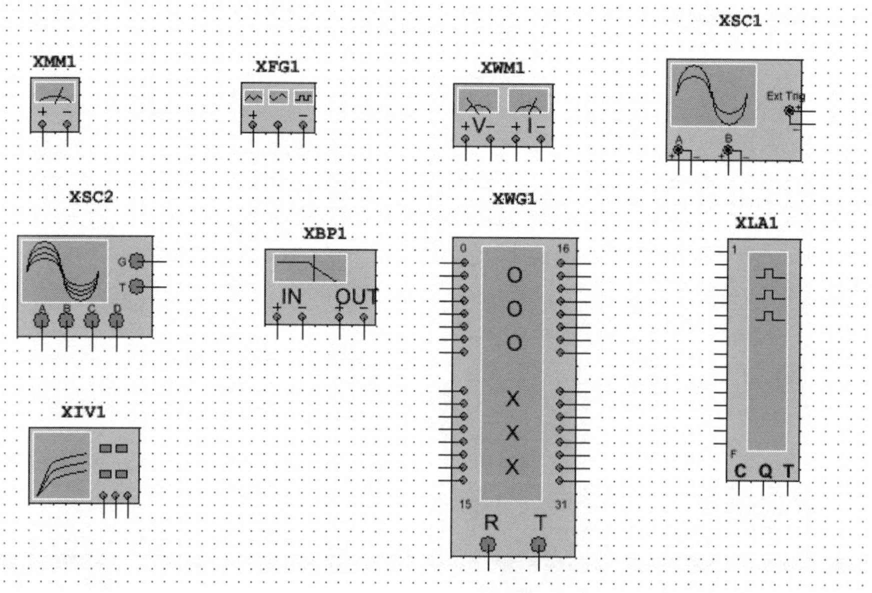

図25の左上から，マルチメータ，ファンクション・ジェネレータ，電力計，オシロスコープ(2ch, 4ch)，ボーデ・プロッタ，ワード・ジェネレータ，ロジック・アナライザ(！)，カーブ・トレーサです．これ以外にもツールがあります．

■ SPICEツールが使われるシーン

　一般的に回路設計では，まずブロック図でシステムを構築しますが，それを実際の回路に置き換えるあたりで，定数を決定するとか，周波数特性や時間応答特性の基本的評価をする際にSPICEを使います．はんだごてで部品を「とっかえひっかえ」載せかえて，オシロスコープで測定しながら…というプロセスが省けますので，とても良いと思います．

　とはいえそのあたりが微妙で，経験の少ないエンジニアだと，不適切な定数を設定してシミュレーションしてしまい，実機でうまく動作しない，ということが往々にしてあります．そのため実機でいろいろ経験し，「経験＋理解」をベースにシミュレーションを実行する，ということが重要だと思います．

● 最後には実機評価は必要

　その後に（やはり）ブレッドボードとか試作基板できちんと動作を「実機評価」することも大事です．高速とか高精度だと，きちんと本番の基板と同じもので確認しておかないと，ろくな結果になりません．シミュレーションでは出てこなかった問題点が露呈することが，まま（いや…定常的に）あります．

● 経験を積んで，うまく併用する

　ということで，「経験＋理解＋シミュレーション＋実機測定」をうまく併用することが，そして経験をさらに積んでピンポイントでシミュレーション結果を実機に落とせるようになることが，成功の近道だと思います．

● ちょっとおふざけ

　ちょっとふざけてディジタル回路のシミュレーションで遊んでみました(笑)．つづいてアナログ回路をやってみますが…．

　図26はNI Multisim上で作ってみた3ビットの同期アップ・カウンタです．図27のように8ステートで元に戻っています．この回路ではシミュレーション開始時にフリップフロップを初期化していません．本来であればフリップフロップは最初にリセットしましょう(笑…カスタムICではサインオフができませんね)．

図26 NI Multisim上で作った3ビット同期カウンタ回路

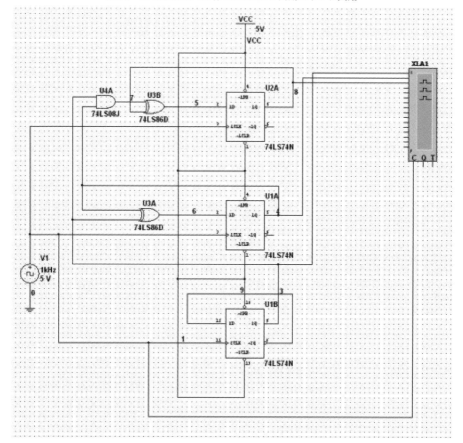

■ OPアンプ回路の開ループをシミュレーション

OPアンプ回路のループを開いたときの利得[ループ・ゲイン，一巡伝達関数と言う[注2]]を，シミュレーションで確認してみたので示してみます．

注2：OPアンプ単体でのループを開いたときの利得を「開ループ利得／オープン・ループ・ゲイン」と呼ぶ．本稿では帰還率も含めての，OPアンプ増幅回路全体としてのループを開いたときの利得を求めている．そのため一般的な表現である「ループ・ゲイン」という用語として説明している．

1-2 OPアンプの開ループ・シミュレーション

図27 図26の回路をシミュレーションしてみたようす

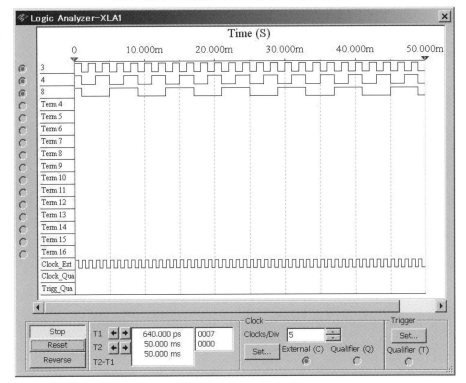

● OPアンプは理想モデルで構成した

図28は作ってみたシミュレーション回路図です．ここでは実際のOPアンプではなく，理想モデルを複数の素子を使って作ってみました．利得が10,000倍，カットオフ周波数は159 Hzのモデルにしてみました．

● 電圧源を出力からフィードバック経路に挿入するミドルブルック法

出力からフィードバック経路に電圧源V_1を挿入します．そうするとこの測定系で，アンプの利得Aと帰還系の帰還量βの掛け算である$A\beta$，つまりOPアンプ回路のループを開いたときの利得（ループ・ゲイン，一巡伝達関数）を，

$$A\beta = \frac{V_1 の「+端子」\sim GND の電圧}{V_1 の「-端子」\sim GND の電圧}$$

図28 理想モデルを使ってOPアンプ回路を構成してみた

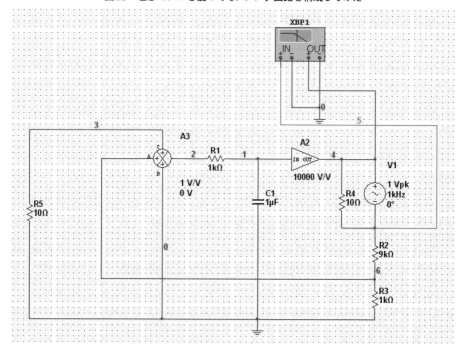

として測定できます．この方法をミドルブルック法と呼びます[3]．

　それぞれの電圧をベクトルで読めば位相も計算できます．実際の測定の場合は，R_4はトランスを使ってフローティングで電圧を安定に供給するために必要なものですが，SPICEシミュレーションでは電圧源は抵抗ゼロなので，不要ともいえるでしょう．

● なぜこのように測定する？

　「開ループ特性を測定するなら，ループを開けばよいのでは？」と思うのも当然でしょう．しかし実際のOPアンプを用いた場合に，正しい測定を行うことができません．シミュレーション，実機，どちらでも同じ測定不能の結果になります．

　それは，OPアンプの入力オフセット電圧がそのままOPアンプのオープン・ループ・ゲイン倍されて出力に出てくるため，出力がどちらかに張り付いてしまい，正しい結果が得られないからです．

1-2 OPアンプの開ループ・シミュレーション　35

図29　VOLTAGE_SUMMERの設定

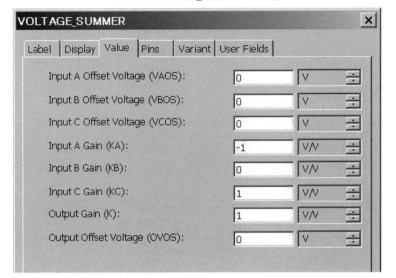

● 結果はボーデ・プロッタを使って表示させる

　上記で示した$A\beta$は，NI Multisimの仮想計測器の「ボーデ・プロッタ」を使って表示させることができます．図28の上側のXBP1がそれです．ボーデ・プロッタは横軸を周波数として，縦軸をOUT/INの比としてシミュレーションできるものです．

● 反転/非反転端子はVOLTAGE_SUMMERで実現する

　利得Aは10,000倍（80 dB），帰還量βは$\beta = 1/(1 + 9) = 1/10$（－20 dB）です．図28中のA3という＋記号が3つあるコンポーネントは，図29のように設定するVOLTAGE_SUMMER（電圧加算器）です．同図のようにA入力をマイナス1倍（反転入力端子に相当），C入力をプラス1倍（非反転入力端子に相当）として，OPアンプの差動入力を模倣することができます．

● シミュレーション結果

　シミュレーション結果を図30に示します．仮想計測器ボーデ・プロッタで得られる表示です．$A\beta = 60$ dBの計算どおりで，－3 dB周波数もマーカ読みで156 Hzになっています．ミドルブルック法は関心するほど良くできた測定方法なわけですね．

　それでは，このβの帰還量を小さく（－n dBのnを大きく）していけば，どんなに利得の

図30 ボーデ・プロッタで得られるシミュレーション結果

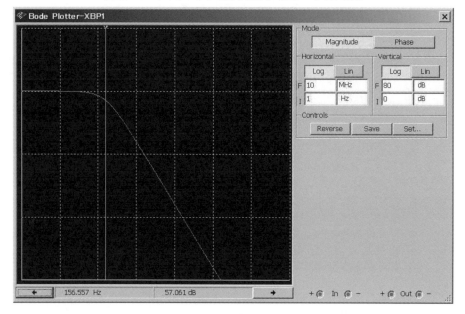

高い現実のOPアンプ単体のオープン・ループ・ゲインも測定できます！…といいたいところですが，クローズド・ループ・ゲインが$1/\beta$になりますので，入力のオフセット電圧がゲイン倍され，出力が飽和してしまいます．結局は測定しようとしても，もとの木阿弥なのでした…（適度なところまでは実現可能）．

とはいえ実際の動作時の$A\beta$を，この計測方法できちんと求めることができるわけなのですね．

● 2次系帰還回路にすれば…

この実験系を2次系の帰還回路（もう1つCRのペアを増やす）にすれば，位相余裕とステップ応答のオーバーシュートの実験もできます．

■ 電圧源V_1の＋／－端子の電圧はどうなる？

それでは「付加した電圧源V_1の＋端子，－端子それぞれの電圧のようすはどうなるの？」という疑問に答える形で，ループ・ゲインが低下してくる周波数での$A\beta = 20$ dBの条件（$f = 15.5$ kHz）と，$A\beta = 0$ dBの条件（$f = 155$ kHz）をシミュレーションしてみました．

図31　$A\beta = 20$ dBの条件 ($f = 15.5$ kHz)

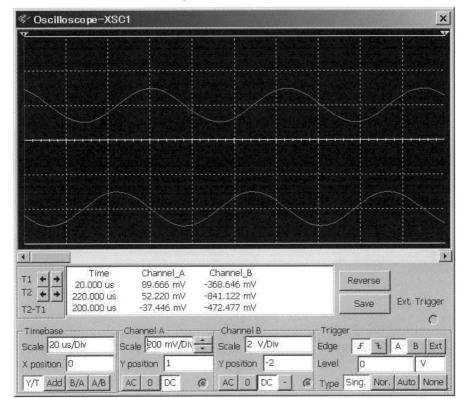

● 仮想オシロスコープを接続して確認する

今度はV_1の両端子に仮想オシロスコープを接続して確認してみます.

$A\beta = 20$ dBの条件 ($f = 15.5$ kHz, 図31) では, -端子 (上) の電圧レンジ設定は200 mV/divで, +端子 (下) の設定は2 V/divにしています.

$A\beta = 0$ dBの条件 ($f = 155$ kHz, 図32) では, -端子 (上) の電圧レンジ設定は1 V/divで, +端子 (下) の設定も1 V/divにしています.

どちらも+端子と-端子との間の差分量は$1\,V_{peak}$になっていることがわかります. 電圧源V_1は$1\,V_{peak}$で設定しているので, 当たり前といえば当たり前の結果ですが, このように動いているわけです.

またここで, $A\beta = 0$ dBの条件, つまり上の波形と下の波形が同じ振幅になったときの位相差が, 位相余裕となります.

図32 $A\beta = 0$ dBの条件 (f = 155 kHz)

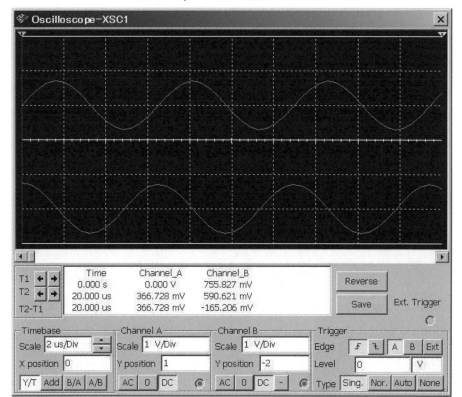

● 位相について考えてみる

位相について考えてみます．**図33**はボーデ・プロッタに接続し直して，位相を求めたものです．

図中の一番上が+180°，一番下が0°です．高域で+90°に漸近していることがわかります．一番下（0°）が正帰還（位相ゼロ）になるところですので，$A\beta = 0$ dBのところで，ここからどれだけ上に位相があるかで位相余裕が決まります．

周波数が低いところで+180°なのは，
    angle (A) = 180°（帰還回路出力は反転入力端子に接続されており，$-A$となるから）
    angle (β) = 0°

ということで，一巡ループ系として波形が反転するので（負帰還なので）こうなるわけです．それが周波数が上昇してくると，だんだん位相が遅れてきて，170…160°となってきます．

図33 位相の変化するようす．高域で+90°に漸近している（一番上が+180°，一番下が0°）

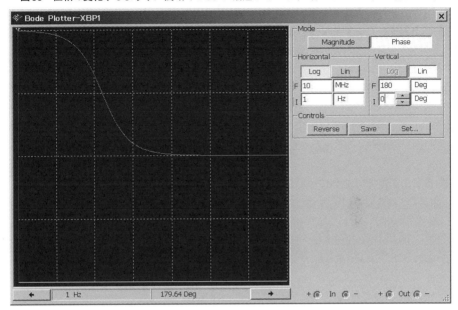

　その結果，最大90°遅れて，$A\beta = 0$ dBのときに，一番下の0°のところから見れば90°の余裕があるのだ，と考えればよいということですね．
　なお参考書によっては，このプロットの一番上の位置を0°として示してあるものもあるので，ご注意ください．

1-3　LDO不安定性を抵抗とコンデンサの並直列変換で考える

　アナログ・デバイセズの電源関連製品の紹介のなかで「LDO（Low DropOut Regulator；リニア・レギュレータ）の不安定性を検討するうえで，抵抗とコンデンサを並直列変換して考えてみるとどうだろう？」という話題がありました．
　このことをSPICEシミュレータNI Multisim［p.12，脚注（1）を参照］で見ていきたいと思います．なお，単にAC解析で解析するのではありません．NI Multisimに付属しているPost Processorという機能（この機能はかなり便利！）を使って，解析していきたいと思います．
　なお，この節ではPost Processor機能を用いてみることが趣旨ですが，一部の計算式であればAC解析のなかで直接，計算処理を指定できますので（他のSPICEツールも同じ），

そちらも活用いただければと思います．

■ LDO設計で注意が必要なこと

負荷インピーダンスに不安定領域のあるLDOを用いた電源回路設計では，バイパス・コンデンサにセラミック・コンデンサだけを用いた場合，動態が不安定になることに注意が必要です．LDOが異常発振を引き起こしてしまうことがあるからです．

ところでアナログ・デバイセズでは，ADP3330などの"anyCAP"というLDO出力容量による不安定性の問題を解決したLDO製品ファミリがあります．これらを使えば，ここで検討している問題も気にしなくてよいわけです．

● 自分の設計では並列に小容量のコンデンサを接続していた

自分のこれまでのLDOを用いた電源回路設計経験では，図34のように大きめの容量値のLDO出力コンデンサC_1には直列に抵抗R_1を入れて，それと並列に小容量のコンデンサC_2（100～1000 pF）を複数つないで設計していました．これはアプリケーションが「動作周波数が高いシステム」であったために，このような小容量だったのでした….

● LDOによっては動作が不安定になることがある

LDOの種類にもよりけりですが，周波数が高い領域ではLDOの負荷となる容量により，位相回転が起きて，LDOが不安定になることがあります．そのため「大きめの容量値のLDO出力コンデンサには直列に低抵抗を挿入して」，異常発振を引き起こさないようにLDO動作を安定化させる必要があります．

● 小容量のコンデンサには抵抗は入れていなかったが

小容量のコンデンサには，直列に抵抗を入れてはいませんでした．図34のように直列に挿入した抵抗R_1（C_1の容量が大きいので，高い周波数ではC_1はショートになる）と負荷回路の抵抗ぶん，これとC_2とでRC並列回路になります．LDOの一巡ループが切れる（ループ・ゲインが0 dBになる）周波数あたりで，その抵抗ぶんをRCの直列回路として並直列変換して考えてれば「まあ，大丈夫かなあ…」という感じで設計していました．このくらいの考察レベルでも，トラブルは発生しなかったのでよかったなぁ…と，今では思っています．

■ コンデンサと抵抗は並直列／直並列変換ができる

この「抵抗ぶんとでRC並列回路に……RC直列回路として並直列変換して」というところですが，図35のように，抵抗とコンデンサの並列回路（図の左）は，その計算する周波数において，直列回路（図の右）に「計算式」により変換できます．逆に，直列から並列に変換す

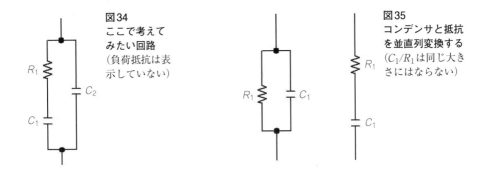

図34 ここで考えてみたい回路(負荷抵抗は表示していない)

図35 コンデンサと抵抗を並直列変換する(C_1/R_1は同じ大きさにはならない)

ることもできます．

● この変換は目的の周波数でのみ成り立ち，周波数が異なると結果も異なる

　なお並直列(直並列)の計算では，計算する周波数が異なれば，変換された(計算で得られる)RC 定数も変わってきますので，注意してください．

　あらためて図34に戻ります．ここでは負荷抵抗は表示していません．C_1 が大きめのコンデンサ(たとえば10μF)，R_1 が安定化抵抗(たとえば1Ω)，C_2 が並列の小容量コンデンサ(たとえば100 pF)です．

　先に示したように，高域では C_1 はショートになりますので，R_1 と C_2 (図35では C_1 に相当)の並列接続と考えられるわけです．

● 並列から直列の変換をシミュレーションで計算してみる

　図35のように，並列回路を直列回路とすると，周波数に応じてどのように変化していくかを，式計算でやるのも大変(簡易計算する方法もあるが)ですから，NI Multisimを使って見ていこうと思います(Post Processorという機能の紹介も兼ねて)．

■ シミュレーションでやってみること

　図34において，LDOが動作する周波数帯域(一番重要なのはLDOの内部の一巡ループが切れる，ループ・ゲインが0 dBになる周波数)で抵抗 R_1 が支配的であればよいのですが，並列接続の小容量コンデンサ C_2 (図35では C_1 に相当)が支配的だと，LDOが不安定になってしまいます．そこで抵抗成分 R_1 がこの帯域で支配的であるかを確認する，というのが目論見です．

　これをNI Multisimを用いて，LDOが動作する周波数帯域において，小容量コンデンサ C_2 を並列に入れた状態で抵抗 R_1 がどのように見えてくるか，安定性が確保できるのかを(簡

易計算もできるが…)シミュレーションで考えてみたいと思います.

● シミュレーションしてみる回路図

図36をご参照ください.先ほどはR_1は「たとえば1Ω」の直列抵抗と説明しましたが,ここでは2.2Ωにしてあります.シミュレーションのデモなので,抵抗の大きさはいくらでもよいのですが….実際に自分が設計していた回路では,並列のコンデンサC_2は100 pF (100 pFと小容量な理由は動作周波数の関係)が並列に複数接続されていました.また100 pF単独だとシミュレーションの結果として面白いところが見えづらいことがあります.それらを考慮してC_2は1 nF (= 1000 pF)としてみました.

● タンタル・コンデンサ使用時の注意点

その過去の設計では,LDO出力にタンタル・コンデンサを大容量コンデンサC_1として使用していました.そのため寄生抵抗は低いものとし,2.2Ωを外部抵抗R_1として挿入,というところでした.

ところでタンタル・コンデンサは,故障モードがショート・モードで生じますから(内部フューズがありオープンになるものもある),電源回路に使用するには十分な注意が必要です.

図36 シミュレーションしてみる回路

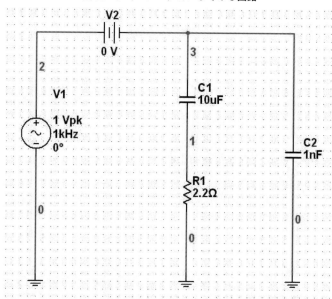

電源出力インピーダンスが低いと，突入電流により故障の原因になりますし（ここではLDO出力なので，ある程度の電源出力インピーダンスがあると想定もできるが），定格電圧に近いところで使うと，これまた故障率が上昇します．私は定格電圧の1/3程度で使用していました．そうすることで信頼性計算で用いられるFIT値での故障率が，ICなどと同じ程度まで低下します．

● 以後の流れ

この節の流れとしては以下の4点です．
(1) アナログ・デバイセズのLDO "anyCAP" 以外の一般的なLDOではLDO出力容量に抵抗成分がないと不安定になる
(2) そこで大容量コンデンサに抵抗を挿入したが，並列につながっている1 nFによりあらためて不安定にならないか？
(3) これをNI Multsimを使って，並直列変換のイメージで計算して
(4) これらのようすをPost Processorという機能で解析する
というところです．

● 回路の動きを目利きしてみる

さて，シミュレーションで精査するまえに，この回路の動きを「目利き」してみましょう．
図36のC_1 10 μFに対してR_1の抵抗2.2 Ωが直列ですので，低い周波数領域で，すぐにこの2.2 ΩのR_1が支配的になってきます．一方で，C_2 1 nF（1000 pF）が2.2 Ωになるのは72 MHz，この1/10としてみても7.2 MHzです．この条件であればLDOのループ帯域外でしょうから，「問題ないだろう」ということがわかります．
逆に，C_2に0.1 μFなどのコンデンサを使う場合は，要注意ですね！このようすは後半で示してみます．

● 0Vの電圧源で電流量をモニタできる

SPICE使用時の技ですが，図36では電圧源V_2を0 Vにして挿入してあります．こうするとネットを分離することもできますし，この電圧源V_2を流れる電流量を（V_2を電流センサとして）シミュレーション結果でモニタリングできます．
この図36ではV_2はV_1に対して直列ですから，単にV_1を測定すればよいことなのですが，この説明をしたいがために入れておきました（笑）．このような方法での電流量のモニタリングは，分岐電流のシミュレーションなどに便利です．
ポイントは「知りたい電流の向きを考えて，V_2を挿入する向きを決める」ということです．

■ シミュレーションしてみる
● まずはACシミュレーションを実施する

 Post Processorでノード(ネット)3から見たインピーダンスを測定することが目的です．なおこの稿では，NI Multisimの機能を説明するため，このような方法を取っていますが，単にあるノードを見たインピーダンスをSPICEシミュレーションしたいなら，1 Aの電流源から電流をそのノードに流し込むかたちのACシミュレーションに設定すれば，そのノードで得られる電圧がそのまま，そのノードを見たインピーダンスとして得られます．これはよく使う方法です．

図37 シミュレーション(AC解析)の設定

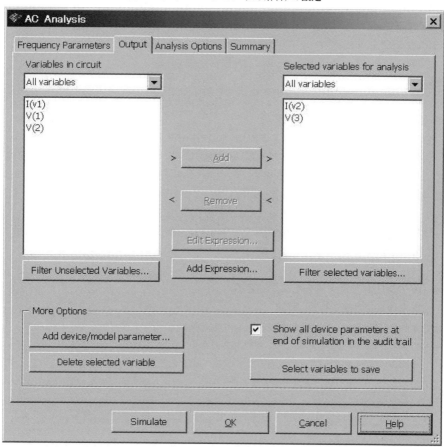

前処理として，まずACシミュレーションを実施します．図37のように，計算/表示するパラメータとしては，V (3) とI (v2) とします．ACシミュレーションをかけてみると，図38のような答えが得られます．

● 計算のところをPost Processorで！

つづいて，Z = V (3) /I (v2) として計算させれば，ノード3のCR回路のインピーダンスを求められます．

図39のようにメニューからPost Processorを選択します．Post Processorは，ポストプロセス（後処理）のとおり，補助的（というより強力）な演算機能を提供してくれます．

なおACシミュレーションそのものでも，先に示した1 Aの電流源を用いたり計算式を（この程度の計算なら）設定すれば，結果を得ることができます．

● Post Processorで用意されている関数群

Post Processorで用意されている関数群をまず表1に紹介しておきましょう．これはPost

図38 ACシミュレーション結果

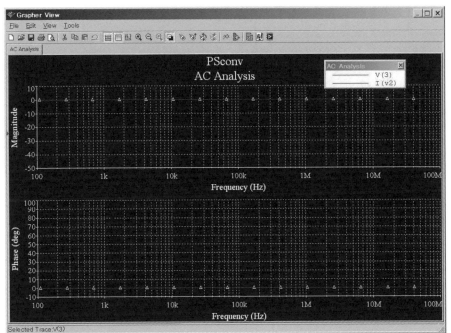

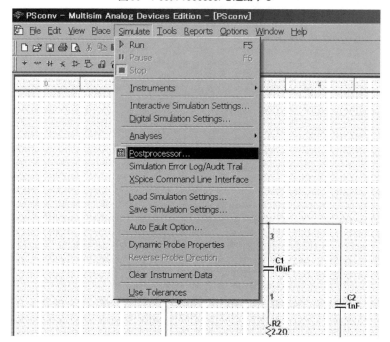

図39 Post Processorを起動する

ProcessorのHelpで詳細を見ることができます.

ここでは詳細情報ではないため,十分な情報になっていないことをお断りしておきます.「こんなに関数があるの!」と思っていただければと思います.

● 実際にPost Processorで計算してみる

AC Simulationは電圧量と電流量を求めることが基本です(計算機能もあるが).

ここで最初にやりたかったこととしては,RC回路の並直列変換を考えて,RC並列回路をRC直列回路として表し,その回路の抵抗ぶん,リアクタンスぶんがどれだけになるか?…というところです.

そこでAC Simulationの結果を,Post Processorで$Z = V/I$としてインピーダンスを計算させ(繰り返すが,先に示したように1 Aの電流源を用いる方法もある),その実数部(real)と虚数部(imag)を取ります.この実数部が抵抗成分,虚数部がリアクタンス成分に相当し,直列回路のそれぞれの成分が計算できることになります.

表1 Post Processorで用意されている関数(その1)

関数名	機　能
数学関数	
+	plus
-	minus
*	times
/	divided by
^	to the power of
%	modulus
,	complex 3,4 = 3 + j (4)
abs (X)	absolute value
sqrt (X)	square root
三角関数	
sgn (X)	1 (if x>0), 0 (if x=0), －1 (if x<0)
sin (X)	trigonometric sine (argument in radians)
cos (X)	trigonometric cosine (argument in radians)
tan (X)	trigonometric tangent (argument in radians)
atan (X)	trigonometric inverse tangent
関係関数	
gt	greater than
lt	less than
ge	greater than or equal to
le	less than or equal to
ne	not equal to
eq	equal to
論理関数	
and	and
or	or
not	not
指数関数	
db (X)	decibels 20 log10 (mag (X))
log (X)	logarithm (base 10)
ln (X)	natural logarithm (base e)
exp (X)	exponential e to the vector power
複素関数	
j (X)	complex i (sqrt (－1)) times X
real (X)	complex real component of X
imag (X)	complex imaginary part of X
vi (X)	complex vi (X) = image (v (X))
vr (X)	complex vr (X) = real (v (X))

第1章 アナログ回路動作の理論と実践

表1 Post Processorで用意されている関数(その2)

関数名	機　能
ベクトル関数	
avg (X)	running average of the vector X where
avgx (X, d)	running average of the vector X over d where
deriv (X)	vector derivative of X
envmax (X, n)	upper envelope of the vector X
envmin (X, n)	lower envelope of the vector X
grpdelay (X)	group delay of vector X in seconds
integral (X)	running integral of vector X
mag (X)	vector magnitude
ph (X)	vector phase
norm (X)	vector X normalized to 1
rms (X)	running RMS average of vector X where
rnd (X)	vector random
mean (X)	vector results in a scalar
Vector (n)	vector results in a vector
length (X)	vector length of vector X
max (X)	vector maximum value from X
min (X)	vector minimum value from X
vm (X)	vector vm (x) = mag (v (X))
vp (X)	vector vp (x) = ph (v (X))
定数	
yes	yes
true	true
no	no
false	false
pi	pi
e	natural logarithm base
c	speed of light in vacuum
i	square root of -1
kelvin	absolute zero in Celsius
echarge	fundamental charge
boltz	Boltzman's constant
planck	Planck's constant

図40 Post Processor計算設定画面①

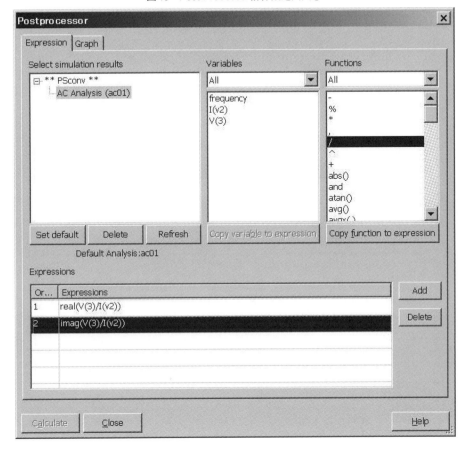

● Frequencyという変数もある

なお，Variable（変数）ではAC Simulationで求めたV_3と$I(V_2)$だけではなく，Frequencyという変数も利用できます．いろいろ活用できそうです．

Post Processorの計算設定のスナップ・ショットを付けてみました．図40をご覧ください．

● Graphタブに切り替えると数式が見える

つづいてPost ProcessorのExpressionタブからGraphタブに切り替えます．切り替えたようすが図41です．

図41　Post Processor計算設定画面②

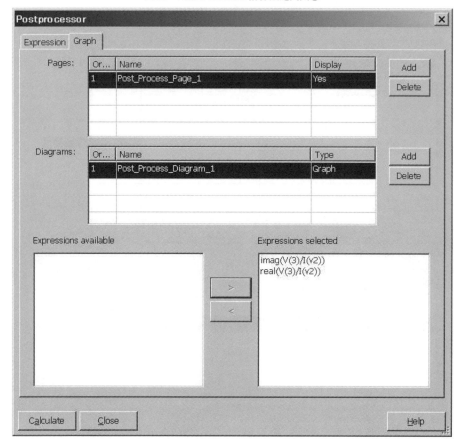

　左下の「Expressions available」に先ほど示した数式が表示されていますので，希望するものをクリックしてハイライトさせ，[＞]矢印を押します．そうすると，それらの数式が右側の「Expressions selected」に移動してきます（これが**図41**の状態）．
　これで左下の[Calculate]ボタンを押すと計算してくれます．

● Post Processorで計算

　Post Processorで計算して，**図42**のように抵抗成分（real），リアクタンス成分（imag）をそれぞれ表示してみました．何が言いたいかというと，「こんなに簡単に計算できるん

図42 Post Processorでの計算結果

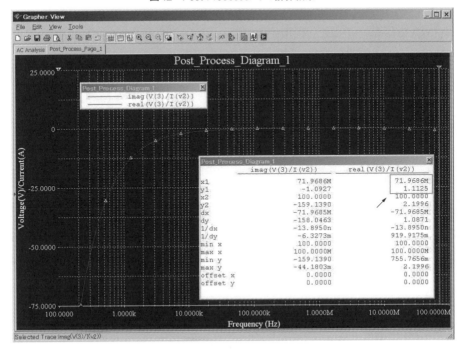

す！」ということです．

図42を見ていただいてわかるように（四角で囲んでハイライトさせてみた），72 MHz程度で抵抗成分が2.2 Ωから半分の1.1 Ω程度に低下してきます．72 MHzがLDOの内部ループ周波数帯域であるはずもありませんので，この電源回路設計はほぼ問題ない（安定に動作する）だろうと想定できます．

■ コンデンサを替えてシミュレーションしてみる

つづいてC_2を0.1 μF（図43では100 nFと表示されている）にしてシミュレーションをしてみましょう．低周波回路だとありがちな（というか間違いなくある）素子定数でしょう．

回路図を図43に示します．これでまずAC解析を行います．

● 2回目の解析情報活用には儀式が必要

この2回目のAC解析結果を，Post Processorで活用させるためには，ちょっと儀式が必

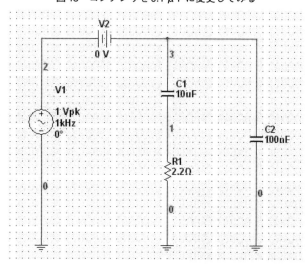

図43 コンデンサを0.1μFに変更してみる

要です．図44の画面の左上のように，Select simulation resultsの部分を開いて，「AC Analysis (ac02)」をクリックし，さらに[Set Default]のボタンを押します．

そうすると，Post Processorでの計算に用いられる数値データが，この2回目のシミュレーション結果になるというわけです．

● 0.1μFを用いてPost Processorで計算

この条件でAC解析をして，さらにPost Processorで計算させて表示した結果を図45に示します．2.2 MHz程度で抵抗成分が1/10 (0.22Ω程度) になっていますね．RC回路のインピーダンスの抵抗成分 (実数部) が低下する領域がLDO内部ループ周波数帯域に十分に入り込んでいる (動作が不安定になる) 可能性があることがわかります．

最後に

SPICEシミュレーションをうまく活用することで，このようにいろいろな解析ができます．SPICEシミュレータは自分の知識とアイディアを具現化してくれる「スーパー電卓」なわけですね[注3]．

注3：本書発行時点でのアナログ・デバイセズの公式SPICEシミュレータはLTspiceであるが，LTspiceでもここで示したような多数の演算機能 (Waveform Arithmetic) が用意されている．本稿を参考にしていただき，ぜひ活用いただきたい．

図44 2回目の解析情報活用には儀式が必要

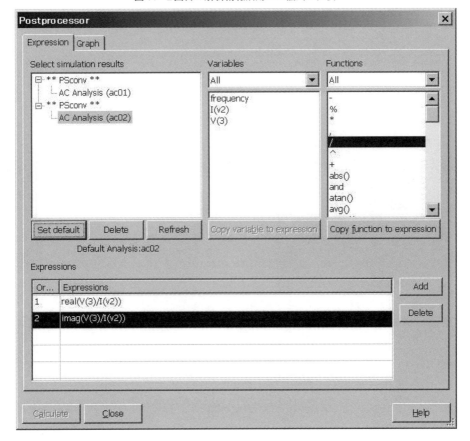

　NI Multsimについての日本語チュートリアル(PDFファイル)のリンクを参考文献(4)に示します．このPDFは，英語・独語・日本語という順序で，同じファイル内に章分けされています．ぜひ参考にされてください．

図45 0.1μFのコンデンサでPost Processorで計算

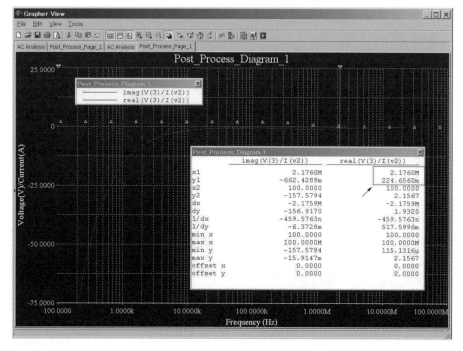

第2章
アナログ回路のノイズ特性の理論と実践
抵抗やアンプのノイズをシミュレーションと試作で検証する

　アナログ回路では，ノイズ（noise；一般には「雑音」）が問題となることが多くあります．ここでは，回路で発生するさまざまなノイズのうち，抵抗やアンプ入力部で発生するノイズについて，考察していきます．

2-1 抵抗のサーマル・ノイズをSPICEで解析する
基本的な考えかた

　ここでは，なかなか理解が難しい「ホワイト・ノイズ」のふるまいに関して，その基礎的なことと，NI Multisim Analog Devices Edition[注1]でシミュレーションしたようすについて，それぞれの関係を考えてみます．

● 抵抗からサーマル・ノイズが発生する

　抵抗からノイズが発生します（**写真1**）．電源を接続していなくてもです．これをサーマル・ノイズ（thermal noise；熱雑音）とかジョンソン・ノイズ（Johnson noise）とかいいます．これ以外にも半導体では，PN接合をキャリアが通過するときにショット・ノイズ（shot noise）という電流性ノイズが発生します．また，$1/f$ノイズというものもあります．これらについては，ここでは深く取り扱わないことにします．

　さてここでは，抵抗から発生するノイズをどう考えるかを，まず示します．そしてそれが電子回路として，OPアンプと組み合わされることで，OPアンプの内部ノイズと合成され，どのようにノイズがOPアンプ出力に現れるかを考えてみたいと思います．

注1：執筆当時はNational Instruments社のNI Multisimをベースにしたものがアナログ・デバイセズの製品評価用SPICEシミュレータだった．以降，SIMetrixをベースにしたADIsimPEを経てLTspiceに至っている．SPICEシミュレーションとしての基本的な考えかたはシミュレータに依存せず，すべて同じとなる

写真1 電源を接続しなくても抵抗からはノイズが発生している（金属皮膜抵抗の例）

● OPアンプ内部ノイズも外部ノイズ源で表せる

　OPアンプ内部にも電圧性/電流性ノイズがあります．電流性のショット・ノイズもその一部に変換されます．そしてそれらは等価的に，外部接続されたノイズ源として表すことができます．結果的にそれらはすべて，この章で説明することと結びつけることができます．

● 参考になるアプリケーション・ノート

　この章に関連した資料としては，アナログ・デバイセズの以下のアプリケーション・ノートが参考になると思います．
　　AN-358　ノイズとOPアンプ回路
　　AN-940　最適ノイズ性能を得るための低ノイズ・アンプ選択の手引き

■ ここでの「ノイズ」とは「ホワイト・ノイズ」

　ノイズといってもいろいろなノイズがあります．ディジタル回路からの混入ノイズ，スイッチ切り換えで生じるノイズなどもあります．ここでは周波数に依存しない「ホワイト・ノイズ（white noise）」というものを考えます．これはロー・ノイズ・システムでは重要な概念です．
　プリズムで白色光を見てみると，広い帯域のスペクトルを均一にもっています．これから説明するノイズが「ホワイト・ノイズ」と言われるゆえんは，「周波数に依存せずに同じレベルである」というものなので，白色光（ホワイト）に合わせてそのように呼ばれます．

● いろいろな呼びかたがあるが同じもの

　抵抗から発生するノイズとして主に使われる用語（種類）に，サーマル・ノイズ（熱雑音）とか，ジョンソン・ノイズとか，ナイキスト・ノイズと呼ばれるものがあります．しかし実際はすべてホワイト・ノイズで，同じものです．「なぜJohnson，Nyquistのふたりの別名

2-1 抵抗のサーマル・ノイズをSPICEで解析する基本的な考えかた

図1 抵抗のサーマル・ノイズ・モデル

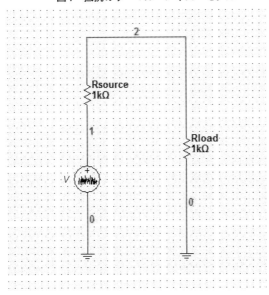

なのか？」と改めてWikipediaで調べてみると，Bell研でJohnsonが見つけて，それを情報通信の父のNyquistが理論立てたということのようです[5]．ここでは「サーマル・ノイズ」で統一して説明します．

● ホワイト・ノイズの電力

このノイズの電力Pは，

$$P\,[\mathrm{W}] = kTB$$

で示されます．面白いもので，抵抗の大きさRによらず，ボルツマン定数$k = 1.38 \times 10^{-23}$ J/Kと絶対温度Tと，取り扱う帯域幅Bの積になっています．以降では$B = 1$ Hzとして単位帯域で考えていきます．全体のノイズ量は（電力で計算すると）B [Hz] 倍すればよいだけです（電圧なら$\sqrt{B}$倍）．

上記の式が実際は何者かというと，**図1**のようにR_{source}という抵抗（純粋な抵抗成分）があり，これがサーマル・ノイズという電圧信号源を（図中のVのように）もっており，その電圧源によりR_{load}という（$R_{source} = R_{load} = R$とマッチングしている），ノイズレスの負荷$R$ [Ω]に発生する電力として規定されるものです．

なぜこのように定義するのか，そしてこのような簡単な関係で表されるかは，それこそJohonsonやNyquistの研究成果である物理的なふるまいに基づいていますが，あいにく私

はご紹介できるレベルに至っておりません….

■「ノイズ源」と言っても「電圧源」

さて，ノイズ源と言っても電圧源ですから，電力は $P = V^2/R$ で計算できます. $R_{source} = R_{load} = R$ で，図1の電圧源 V から見ると，R_{load} 側で $P[W] = kTB$ が生じているわけですから，単純な直流回路計算で，電圧源の大きさは，

$$V[V] = \sqrt{4kTBR}$$

と計算できます．これが抵抗 R から生じる電圧ノイズです（抵抗 R_{source} の両端を解放した電圧に相当する）．

$B = 1\,Hz$ として正規化してみると，

$$V[V/\sqrt{Hz}] = \sqrt{4kTR}$$

になります．$\sqrt{Hz}$ でルートが付いているのは，あとで説明しますが，今のところ無視していただいて「1 Hz で正規化しているのだ」と思ってください．

■ 並列接続抵抗のノイズはどうなる？

先の例では，R_{load} はノイズ・フリーの理想抵抗としましたが，図2のように，現実の抵抗素子が2つ並列に接続された場合はどうなるでしょうか．電圧ノイズの足し算で，

図2　抵抗の並列接続のノイズ・モデル

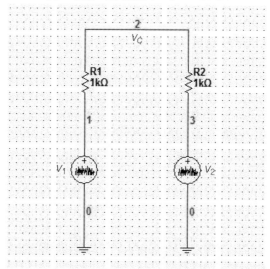

$V_1 + V^2$

でしょうか…. ところが，これがそうはならないのです．それでも単純な抵抗網の計算とはなるのですが….

(1) V_1により，R_1とR_2の接続点V_Cに生じる電圧V_{C1}は，

$$V_{C1} = \frac{V_1 \cdot R_2}{R_1 + R_2}$$

(2) V_2により，R_1とR_2の接続点V_Cに生じる電圧V_{C2}は，

$$V_{C2} = \frac{V_2 \cdot R_1}{R_1 + R_2}$$

というように，それぞれの抵抗分圧になります．このように，各電圧は抵抗分圧で「まずは」求められます．ここまでは単純な話です．

ところが合成の電圧V_Cは，単純に(重ね合わせの定理での)$V_C = V_{C1} + V_{C2}$にはなりません．ノイズの合成の場合は，電力による足し算…「電力による重ね合わせの理」になり，Root Sum Square；RSSとして計算されます．つまり，

$$V_C = \sqrt{V_{C1}^2 + V_{C2}^2}$$

となります．ノイズ同士は無相関なので，電力の和になるのです．

● 1 kΩの抵抗の並列接続で考えてみる

たとえば1本の抵抗$R_1 = 1$ kΩがあった場合，$B = 1$ Hzとして正規化したとき，このノイズ電圧は，

$$V [\text{V}/\sqrt{\text{Hz}}] = \sqrt{4kTR_1}$$

ここで，

$k = 1.38 \times 10^{-23}$ J/K

$T = 273$ K $+ 27$ ℃ $= 300$ K (周囲温度27 ℃として考える)

$R_1 = 1$ kΩ

で，4.07 nV/$\sqrt{\text{Hz}}$になります．

「これが並列に接続されたら？」というのが先の話なわけで，8 nVにはならず ($R_1 = R_2 = R$とすれば)，

$V_{C1} = 4.07 \div 2 = 2.03$ nV/$\sqrt{\text{Hz}}$

$V_{C2} = 2.03$ nV/$\sqrt{\text{Hz}}$

$V_C = \sqrt{2.03^2 + 2.03^2} = 2.87$ nV/$\sqrt{\text{Hz}}$

と計算できます．

● 結局は500Ωの抵抗と同じノイズ電圧になる

2個の1kΩを並列接続した抵抗値は，当然500Ωですが，500Ωのノイズ電圧を$\sqrt{4kTR}$で計算すると，2.88 nV/$\sqrt{\text{Hz}}$になります．

結果的に1kΩが2個の並列接続でも，500Ωが1個でも（有効数字の問題で，ここでの説明上では誤差が出ているが）同じノイズ電圧になります．おもしろいものですね．

■ NI Multisimでシミュレーション

ここまでの説明をもとに，NI Multisim Analog Devices Editionを用いて簡単なシステムを構成し，これをシミュレーションで計算してみます．

● シミュレーション回路図

図3はシミュレーション用の回路図です．信号源V_1はノイズ解析には「動作」としては関係ないものです．シミュレータはシミュレーション結果として，「出力端のノイズ」を入力信号源部分に相当するレベル（入力換算量）に変換して表示してくれます．この信号源V_1は，その入力信号源（入力換算量）に相当する位置を明示的に示すためのものです．「明示的に示

図3　ノイズ・シミュレーション用の回路図

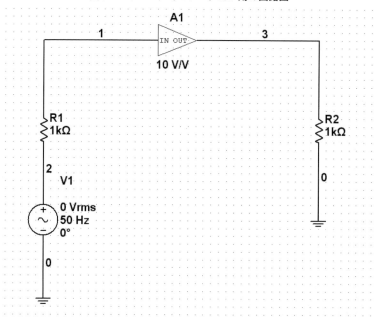

す」だけですから，電圧レベルはいくらでもよく，ここではゼロにしています．

● 入力換算ノイズの考えかた

繰り返しますが，シミュレータは基本的に「出力端」のノイズ・レベルを表示します．回路全体を増幅器として考えれば，(仮に存在すると仮定する)仮想ノイズ信号源V_1から，その回路の増幅率で，その信号源V_1からのノイズが出力に現れると考えることもできます．

出力に現れているノイズすべてが(回路全体がノイズ・フリーだとして)仮想ノイズ信号源V_1から発生したと考え，その大きさを表したものが「入力換算ノイズ」です．「入力信号源に相当するレベルに変換したもの」ということもできます．

SPICEシミュレータは，出力端のノイズ・レベルからシステムの増幅率を差し引いて，「入力換算ノイズ」を表示します．

● ノイズ・シミュレーションの設定画面

図4はノイズ・シミュレーションの設定画面です．これは，どの端子を測定するか，どの端子を基準電位とするかを設定するもので，上から入力換算ノイズとして変換される信号源，次が出力端のノイズ電圧量として測定される出力端[V(3)]，最後が基準電位[通常は

図4 ノイズ・シミュレーションの設定画面

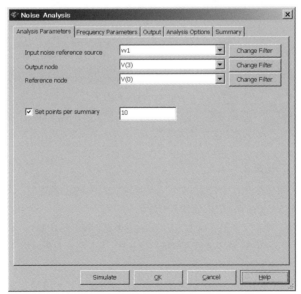

図5 シミュレーションする周波数範囲の設定画面

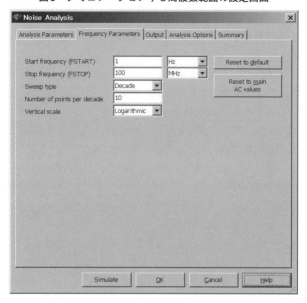

グラウンドV(0)]です．一番下のチェック・ボックスはONにしてください．これをチェックして範囲を入力しないと，結果をグラフ表示してくれません．そのために確実にここを設定してください（Ver.10での場合）．

図5はシミュレーションする周波数範囲の設定で，ここでは1 Hz～100 MHzまでとしています．

図6はどのノイズを表示させるかの設定です．onoise_spectrumは，出力端（ノード3）に実際に現れるノイズ・レベル，inoise_spectrumは入力信号源V_1に換算されたノイズ・レベル，onoise_rr1はR_1から生じるノイズが出力端（ノード3）に現れるノイズになります．onoise_rr2は同じくR_2から生じるノイズです．

● **回路図上のコンポーネント**

図3の回路との関係も説明しておきます．入力側のV_1は（先に説明したように）入力換算ノイズ源に相当する部分を明示的に示すものです．

R_1は，実際のサーマル・ノイズ（4.07 nV/$\sqrt{\text{Hz}}$）の発生源となります．V_1は，電圧源（ここでは電圧はゼロ）なので「電圧源の内部抵抗はゼロ」として考えるので，R_1は直接グラウンドに接続されていることになります．

A1は理想増幅器（ノイズ・フリー）です．ここでは増幅率$G = 10$倍としてあります．理

図6 結果表示させるノイズ・ソースの設定画面

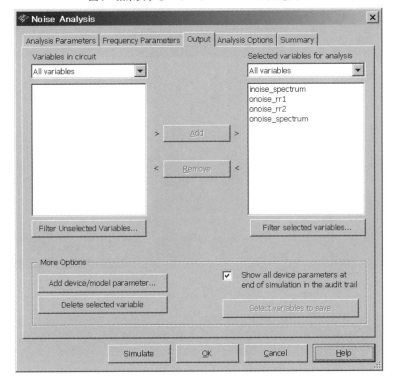

想定増幅器ですから$G = 10$で計算するだけで，ノイズを発生させるものではありません．こうすればA1の入力はハイ・インピーダンス，出力インピーダンスがゼロになりますので，A1を電圧バッファとして考えることができます．

出力(ノード3)にはR_2が接続されています．これ自体も本来はサーマル・ノイズ(4.07 nV/$\sqrt{\text{Hz}}$)を発生するものではありますが，この回路構成でどのようにふるまうかは，シミュレーションで見てみましょう．

■ シミュレーション結果

シミュレーション結果を図7に示します．ここでは結果表示機能Grapherを Marker ON，Color non reverse，Legend (凡例) ON，Grid ONにしています．マーカは1 kHzを指しています．「図がやけに縦長だなあ…」というのは，気にしないでください．

詳しい話は以降に改めて示しますが，まずは少なくとも「周波数によらずノイズ・レベルが

図7 ノイズのシミュレーション結果

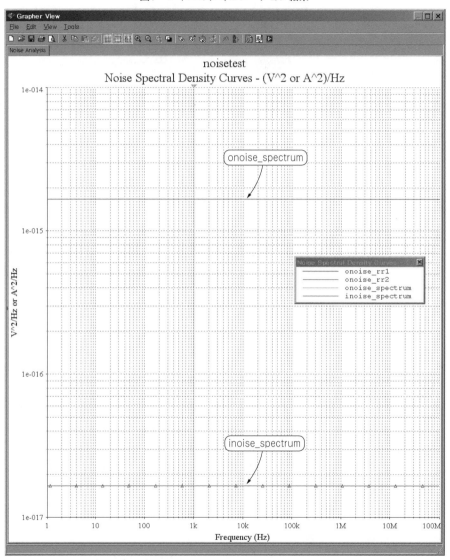

注2：これは1.6576×10^{-17}を示す．
注3：LTspiceでは2乗されずに，$V/\sqrt{Hz}$の単位で表示される．

図8 マーカ・リードアウトの画面

Noise Spectral Density Curves – (V^2 or A^2)/Hz	onoise_rr1	onoise_rr2	onoise_spectrum	inoise_spectrum
x1	1.0028k	1.0028k	1.0028k	1.0028k
y1	1.6576e-015	0.0000	1.6576e-015	1.6576e-017
x2	1.0028k	1.0028k	1.0028k	1.0028k
y2	1.6576e-015	0.0000	1.6576e-015	1.6576e-017
dx	0.0000	0.0000	0.0000	0.0000
dy	0.0000	0.0000	0.0000	0.0000
1/dx				
1/dy				
min x	1.0000	1.0000	1.0000	1.0000
max x	100.0000M	100.0000M	100.0000M	100.0000M
min y	1.6576e-015	0.0000	1.6576e-015	1.6576e-017
max y	1.6576e-015	0.0000	1.6576e-015	1.6576e-017
offset x	0.0000	0.0000	0.0000	0.0000
offset y	0.0000	0.0000	0.0000	0.0000

一定」であることがわかると思います．一定のスペクトル・レベルがホワイト・ノイズです．

● マーカで値を読み出してみる

　図8のマーカ・リードアウトで，inoise_spectrumのリードアウト（y1）が1.6576E-17[注2]という大きさです．図7の左の縦軸を見てみると，これはV^2/Hz（つまり，ここまで説明してきた$V/\sqrt{Hz}$の2乗）で表示されているのですね[注3]．

　でもA^2/Hzという文字も見えますね…．これはどういうことでしょうか．$V^2/Hz = 4kTBR$であり，$A^2/Hz = 4kTB/R$で，同じ単位にはなりませんね．

　まあまずは，今のところは「この単位はV^2/Hzなのね」と思ってください．

● SPICE恐るべし…

　まだまだ続くのですが，ホントに「SPICE恐るべし…」です．このノイズ解析の体系についても，実は完全にきちんと，表示の考えかたまで，すべて整合が取れているのです．これが素子モデルから伝送線路まで，複数のシミュレーション計算方法で，きちんとSPICEシミュレーションとして，すべて成り立っているのですから…．あらためてたいしたものだと思います．

■ マーカと計算値を比較してみる

　図9は図8の大切なところをハイライトしたものです．

● onoise_rr1, onoise_rr2の値

　一番左の枠はonoise_rr1で，それも2乗された大きさに相当します．マーカ周波数1kHzで，出力（ノード3）に現れるR_1のノイズ量として1.6576E-15です．次のonoise_rr2も同じ意味ですが，R_2のノイズ量としてはゼロですね…（あとで説明します）．

図9 マーカ・リードアウト画面をよく見てみる

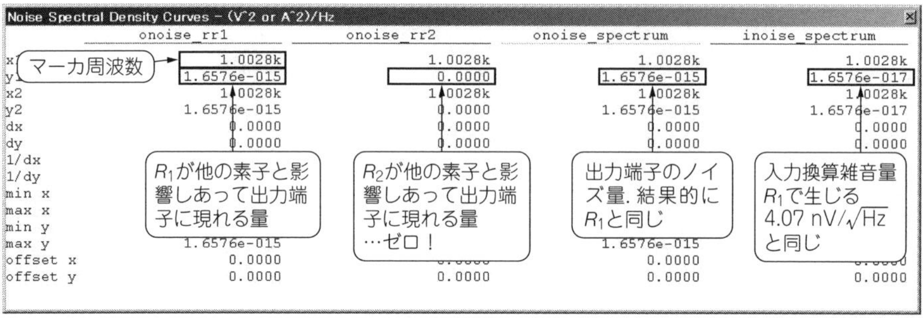

```
Noise Spectral Density Curves - (V^2 or A^2)/Hz
              onoise_rr1        onoise_rr2        onoise_spectrum   inoise_spectrum
x  [マーカ周波数] 1.0028k           1.0028k           1.0028k           1.0028k
y             1.6576e-015       0.0000            1.6576e-015       1.6576e-017
x2            1.0028k           1.0028k           1.0028k           1.0028k
y2            1.6576e-015       0.0000            1.6576e-015       1.6576e-017
dx            0.0000            0.0000            0.0000            0.0000
dy            0.0000            0.0000            0.0000            0.0000
1/dy
1/dy
min x         [R₁が他の素子と影   [R₂が他の素子と影   [出力端子のノイ    [入力換算雑音量
max x          響しあって出力端    響しあって出力端    ズ量. 結果的に     R₁で生じる
min y          子に現れる量]       子に現れる量        R₁と同じ]          4.07 nV/√Hz
max y         1.6576e-015        …ゼロ！]          1.6576e-015       と同じ]
offset x      0.0000            0.0000            0.0000            0.0000
offset y      0.0000            0.0000            0.0000            0.0000
```

また，onoise_rr1の値がonoise_spectrumの値と同じということも気がつきます．つまり，少なくともここでわかることは，出力ノイズはR_1によるものがすべてで，R_2は関与していないということです．

● inoise_spectrumを理論値と比較してみる

一番右の枠のinoise_spectrumの値を見てみましょう．1.6576E−17になっています．これも入力換算ノイズを2乗した大きさに相当します．これまでの説明，また図3からこれはR_1により発生しているノイズだけに影響されるとみることができます．

それでは，このinoise_spectrumの値を，1kΩの理論値である$\sqrt{4kTB}$ = 4.07 nV/$\sqrt{Hz}$と比較してみましょう．1kΩの理論値を2乗してみると(4.07 nV/$\sqrt{Hz}$)² = 1.65749E−17になり，inoise_spectrumの値と同じですね！

● 温度は摂氏27℃で計算している

理論式のとおり，ノイズ量は絶対温度T[K]のルートに比例します．SPICEの計算では，温度TについてはデフォルトでT = 300K，つまり室温27℃で計算しています．

● onoise_spectrumの値

図9を見ると，

onoise_spectrum = onoise_rr1 = 1.6576E−15

になっています．ここでは，R_1相当ぶんのノイズだけが出力ノイズに関与しています．

A1の増幅率が10倍，またR_1から発生するノイズは説明のとおりinoise_spectrumとイコールであり，このinoise_spectrumが10倍，2乗で100倍になり，onoise_spectrumはinoise_spectrumと仮数部の値が同じで，指数部がE−15となっているわけです．

2-1 抵抗のサーマル・ノイズをSPICEで解析する基本的な考えかた

● なぜR_2からのノイズがゼロになるのか

R_2から出力（ノード3）に現れるノイズはゼロです．これは抵抗並列接続の説明のとおりで，A1の出力インピーダンス$R_{outA1} = 0$ですから，A1の出力ノイズ$V(3)$は，

$$V(3) = V_{R2} \cdot \frac{R_{outA1}}{R_{outA1} + R_2} = V_{R2} \cdot \frac{0}{0 + 1\,\text{k}\Omega} = 0$$

となるわけです．ここで，V_{R2}は抵抗R_2で発生するノイズです．

■ 入力回路に並列に1kΩを接続してみる

図10をご覧ください．今度は少しひねって，入力回路に並列に1kΩのR_3を接続してみます．この場合もこれまでの説明のように，入力回路全体で500Ωの抵抗になり，それから生じるノイズ量がA1の入力に加わっていることになります．

つまり，入力回路では$V^2 = 4\,kTR\,(500\,\Omega) = 8.284\text{E}-18\,\text{V}^2/\text{Hz}$になります．これがA1

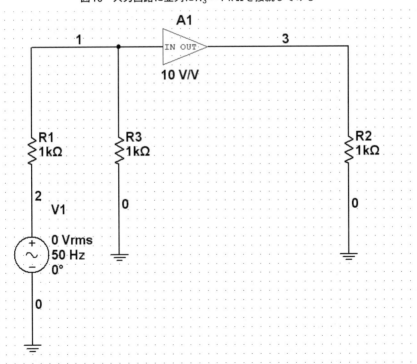

図10　入力回路に並列に$R_3 = 1\,\text{k}\Omega$を接続してみる

図11　図10のマーカ・リードアウト画面

```
Noise Spectral Density Curves - (V^2 or A^2)/Hz
                onoise_rr1          onoise_rr2          onoise_spectrum     inoise_spectrum
x1              1.0176k             1.0176k             1.0176k             1.0176k
y1              4.1439e-016         0.0000              8.2879e-016         3.3152e-017
x2              1.0176k             1.0176k             1.0176k             1.0176k
y2              4.1439e-016         0.0000              8.2879e-016         3.3152e-017
dx              0.0000              0.0000              0.0000              0.0000
dy              0.0000              0.0000              0.0000              0.0000
1/dx
1/dy
min x           1.0000              1.0000              1.0000              1.0000
max x           100.0000M           100.0000M           100.0000M           100.0000M
min y           4.1439e-016         0.0000              8.2879e-016         3.3152e-017
max y           4.1439e-016         0.0000              8.2879e-016         3.3152e-017
offset x        0.0000              0.0000              0.0000              0.0000
offset y        0.0000              0.0000              0.0000              0.0000
```

で10倍に増幅されますが，SPICE上の表示としてはV^2なので，10倍の2乗で100倍となり，図11で枠を付けたようにonoise_spectrumとして8.2879E－16になります．

● inoise_spectrumはどう考えるか

図11のinoise_spectrumは，回路全体をノイズ・フリーとしたとき，出力（ノード3）でonoise_spectrumを生じる大きさすべてが，仮想ノイズ信号源V_1から発生していると仮定したときの，V_1の大きさに相当します．

そのため，V_1からA1出力（ノード3）にかけての増幅率は，A1の増幅率$G = 10$ではなく，R_1とR_3の分圧で増幅率が1/2になり，V_1からA1出力（ノード3）の間で5倍の増幅率になります．つまり，計算上の増幅率はV^2なので2乗で25倍になりますから，onoise_spectrum/25 = 3.3152E－17がinoise_spectrumになっているわけです．

● onoise_rr1 はonoise_spectrumの1/2

また図9と比べて，図11のonoise_rr1が異なる値になっていることがわかります．onoise_spectrumの1/2です．

これはR_1とR_3がノイズ源として出力に現れているために，R_1とR_3が相互に分圧として影響した結果として，R_1から本来生じるノイズがその半分の量で（V^2で考えると）出力に現れているということです．これは，これまでの「V^2の足し算，電力での足し算，RSSである」という説明のとおりです．

■ 電圧ノイズ源を等価電流ノイズ源に変換してみる

「A^2/Hzという文字も見えますね…」について説明したいと思います．ここまで図12のように，サーマル・ノイズは「電圧ノイズ」であるとして，ノイズ・フリー抵抗と直列でペア

2-1 抵抗のサーマル・ノイズをSPICEで解析する基本的な考えかた

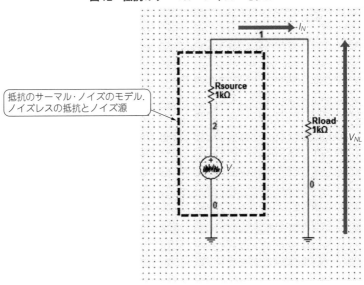

図12 抵抗のサーマル・ノイズ・モデル

抵抗のサーマル・ノイズのモデル．ノイズレスの抵抗とノイズ源

になる「電圧ノイズ源」というモデルで考えてきました．

それを「電流ノイズ」として，等価電流源とノイズ・フリー抵抗でどのようにモデル化できるかを考えてみます．それが「A^2/Hzという文字も見えますね…」の答えでもあるわけです．

● 等価電圧源の場合（これまでの場合）

「電圧ノイズ」だとして，入力換算表記で「等価入力換算ノイズ源」としてモデル化してみると，図13のようになります．図13の等価電圧源の場合は，R_{source}とR_{load}にそれぞれ $V_{NL}\,[V/\sqrt{Hz}] = \sqrt{kTR}$（分圧された抵抗1本ぶんなので"4"はない）が加わりますから，等価電圧源VはV_{NL}の2倍で（ここまでの説明のように）$V\,[V/\sqrt{Hz}] = \sqrt{4\,kTR}$ でした．

● 等価電流源に変換してみた場合

これを図14のように，等価電流ノイズ源にした場合は，R_{source}とR_{load}にそれぞれI_Nが流れるようになります．I_Nにより，それぞれ$V_{NL}\,[V/\sqrt{Hz}] = \sqrt{kTR}$と同じ量が生じるとすれば，その等価電流源$I_E$（図14）は図13の等価電圧源$V$と「等価」になるわけです．

計算は省略しますが，この電流量は

$$IE\,[A/\sqrt{Hz}] = \sqrt{4\,kT/R}$$
$$IE^2\,[A^2/Hz] = 4\,kT/R$$

図13　これまでの入力換算ノイズ源（電圧源）

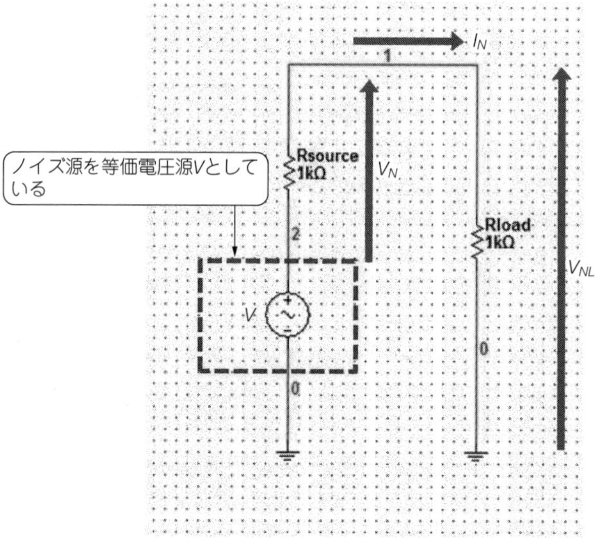

図14　電圧源を電流源に変換してみる

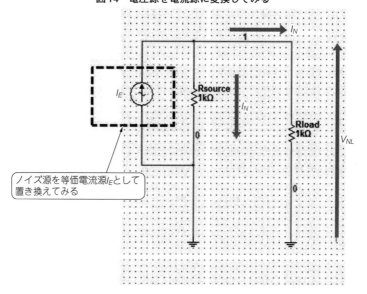

● I^2 で答えが得られる場合というのは

これまでシミュレーション回路には，入力換算のために電圧源を挿入していました．それを図14のように電流源として挿入すれば，inoise_spectrum は電流量の2乗になり，I^2 の大きさとして，単位が [A^2/Hz] として表される，マーカ読みが電流量になる，ということになります（onoise_spectrum などは依然として電圧量）．

● Grapherで得られる答えが2乗である理由

結果表示機能Grapherで見られる結果としてV^2やI^2になっているのは，それぞれ足し算（や掛け算や割り算）だけで計算できる（RSSで計算することなく）ということです．さらに，帯域B [Hz] での全体のノイズ量も，ルート計算を用いることなく，単純にB倍すればよいということです．

結果のルートを取れば，1 Hz あたりのノイズ量や，帯域幅B [Hz] のノイズ電圧/電流が求まるわけです．

「2乗だなんて何か変じゃない？」と感じても，実際はよく考えられてできていますね．

● なぜ電圧ノイズの単位がV/$\sqrt{Hz}$，A/$\sqrt{Hz}$ なのか

最後に1 Hzに換算された電圧ノイズの単位がV/$\sqrt{Hz}$ である理由を説明しておきます．

ここまでの説明のように，帯域幅B [Hz] は電力（V^2, I^2）に比例する項ですから，電圧V，電圧Iはこの平方根量になり，これに合わせて，単位がV/$\sqrt{Hz}$ になっているのです．

OPアンプのデータシートでノイズ電圧/電流の単位がV/$\sqrt{Hz}$，A/$\sqrt{Hz}$ のようにルートが付いているのは，これが理由です．

この節はこれで最後にして，次の節で，今度は本当のOPアンプを使ってノイズ解析をしてみます．

2-2 ロー・ノイズOPアンプの性能をSPICEで最適化する基本的な考えかた

前節では，ノイズ・フリーな理想アンプを用いて，抵抗から発生するサーマル・ノイズについて考えてみました．

この節では，実際のロー・ノイズOPアンプAD797を使ってノイズ特性の最適化をしてみましょう．AD797は最新のデバイスではありませんが，今でもトップ・クラスのロー・ノイズ性能をもっているOPアンプです．

■ 実際のOPアンプのノイズ・モデル

まず，OPアンプ自体のノイズ・モデルについて説明します．OPアンプは非反転入力（＋入力）と反転入力（－入力）の2入力になっていますが，
- 電圧性ノイズは，＋（もしくは－）の端子に直列に接続される電圧源としてモデル化される
- この2つの電圧性ノイズは合わせて1つのノイズ源で表す
- 電流性ノイズは，＋と－のそれぞれの端子からグラウンドに並列に接続される電流源としてモデル化される

というのが基本です．

つまり，モデル化されたOPアンプのノイズ源は，**図15**のように3つあり，
(1) 電圧性ノイズ
(2) 非反転入力（＋）に流れる電流性ノイズ
(3) 反転入力（－）に流れる電流性ノイズ

になります．この(1)～(3)は，それぞれ「無相関」の電圧/電流の変化であり，合成されたノイズ量は「電力の足し算（つまりRSS；Root Sum Square）」になります．

■ まず一般的な帰還抵抗を用いてみた

解析する回路，それも一番最初にやってみるものを**図16**に示します．

信号源抵抗 R_1 はかなり小さい値（0.001 Ω）にして，サーマル・ノイズが無視できるものとしてあります．

帰還抵抗 R_2，R_3 は，一般的に使われる大きさを想定して，9 kΩ，1 kΩにしてあります．9 kΩというのは現実の抵抗部品では非現実的（たとえばE24系列などという意味）ですが，

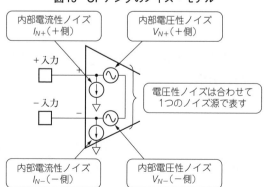

図15　OPアンプのノイズ・モデル

図16 最初にシミュレーションしてみる回路．帰還抵抗は一般的に使われる9kΩと1kΩ

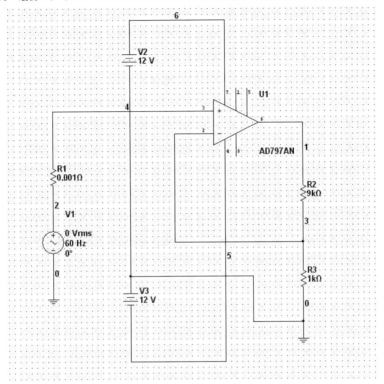

増幅率を10倍にするために9kΩにしてあります．そういう意味ではシミュレーションは便利ですね．

● AD797のノイズ性能

AD797のノイズ性能は，1kHzにおいて，
  INPUT VOLTAGE NOISE：$0.9\ \text{nV}/\sqrt{\text{Hz}}$ (typ) ($1.2\ \text{nV}/\sqrt{\text{Hz}}$ (max))
  INPUT CURRENT NOISE：$2.0\ \text{pA}/\sqrt{\text{Hz}}$ (typ)
となっています．これが回路全体で相互にどのようにつながっているかを見ていきましょう．

● NI Multisimでシミュレーションしてみる

図16の回路をNI Multisim Analog Devices Editonでシミュレーションした結果を**図17**と**図18**に示します．**図18**のマーカ・リードアウトのノイズ量を見てください．増幅率が10

図17 ノイズ・シミュレーションの結果

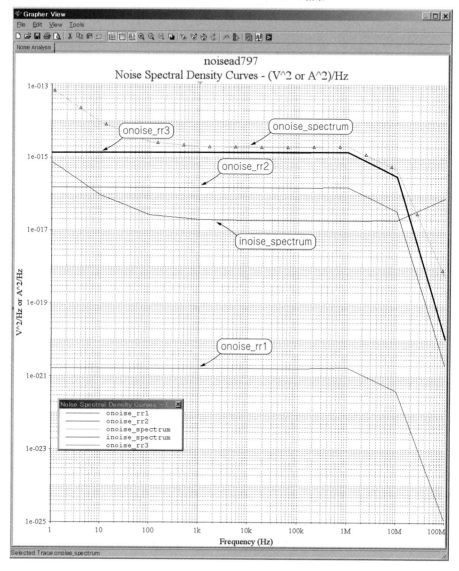

図18 図17のマーカ・リードアウト

Noise Spectral Density Curves – (V^2 or A^2)/Hz					
	onoise_rr1	onoise_rr2	onoise_spectrum	inoise_spectrum	onoise_rr3
x1	1.0176k	1.0176k	1.0176k	1.0176k	1.0176k
y1	1.6576e-021	1.4918e-016	1.9732e-015	1.9731e-017	1.3426e-015
x2	1.0176k	1.0176k	1.0176k	1.0176k	1.0176k
y2	1.6576e-021	1.4918e-016	1.9732e-015	1.9731e-017	1.3426e-015
dx	0.0000	0.0000	0.0000	0.0000	0.0000
dy	0.0000	0.0000	0.0000	0.0000	0.0000
1/dx					
1/dy					
min x	1.0000	1.0000	1.0000	1.0000	1.0000
max x	100.0000M	100.0000M	100.0000M	100.0000M	100.0000M
min y	1.1293e-025	1.9824e-021	5.3311e-019	9.0148e-017	1.1106e-020
max y	1.7421e-021	1.5665e-016	7.4087e-014	7.4085e-016	1.4101e-015
offset x	0.0000	0.0000	0.0000	0.0000	0.0000
offset y	0.0000	0.0000	0.0000	0.0000	0.0000

倍ですから，V_1に換算された入力等価ノイズ量inoise_spectrumと出力ノイズ量onoise_spectrumは，(V^2なので) 1：100の関係になっています．

ここでは，信号源抵抗はほぼゼロ ($R_1 = 0.001\,\Omega$) としています．つまりノイズもゼロと言えるはずです．しかし，**図18**のinoise_spectrum = 1.9732E−15のルートをとって，入力換算ノイズ電圧量として見てみると，$V = 4.4\,\mathrm{nV}/\sqrt{\mathrm{Hz}}$になっています．結構大きな量のノイズです．

● 支配的なノイズ源はAD797ではなく R_3 ！

図18から，どれが支配的なノイズ源なのかと見てみると，なんとR_3であることがわかります．実際には，次のような流れです．
① R_3から生じるサーマル・ノイズに対して(R_2もあるが小量)
② OPアンプの電圧性ノイズと，
③ 抵抗R_2とR_3を並列接続したものに，OPアンプAD797の反転入力の電流性ノイズI_Nが $V = I_N (R_2 // R_3)$ で電圧量のノイズとなり，
④ それらがRSSで足し算されたかたちで，さらには増幅されて出力に現れてくる

しかし，AD797の電圧性ノイズは$0.9\,\mathrm{nV}/\sqrt{\mathrm{Hz}}$なのです…．それと比べて，①のようなところから現れるノイズとの合計で$4.4\,\mathrm{nV}/\sqrt{\mathrm{Hz}}$というのは，結構大きいですね…．

これからわかることは，ロー・ノイズ設計では「使用する抵抗値などをよく考えて設計しないと目的の性能が出ない」ということです．

■ 帰還抵抗を小さくしてみた

ここまでで，R_2とR_3 (実際はR_3が支配的) が出力ノイズに大きく影響を与えていることがわかりました．それでは，$R_2 = 90\,\Omega$，$R_3 = 10\,\Omega$として抵抗の大きさを2桁下げて見てみましょう．

第2章 アナログ回路のノイズ特性の理論と実践

図19 抵抗値を $R_2 = 90\,\Omega$, $R_3 = 10\,\Omega$ とした

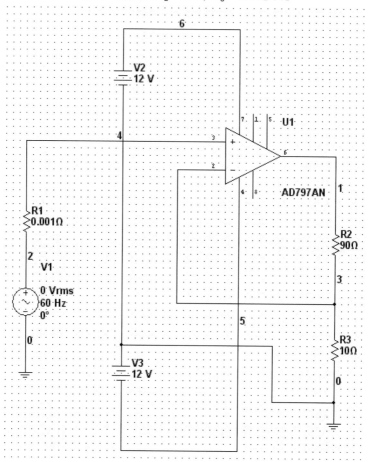

図20 抵抗値を $R_2 = 90\,\Omega$, $R_3 = 10\,\Omega$ としたときのマーカ・リードアウト

Noise Spectral Density Curves - (V^2 or A^2)/Hz					
	onoise_rr1	onoise_rr2	onoise_spectrum	inoise_spectrum	onoise_rr3
x1	1.0132k	1.0132k	1.0132k	1.0132k	1.0132k
y1	1.6576e-021	1.4918e-018	9.8694e-017	9.8694e-019	1.3426e-017
x2	1.0132k	1.0132k	1.0132k	1.0132k	1.0132k
y2	1.6576e-021	1.4918e-018	9.8694e-017	9.8694e-019	1.3426e-017
dx	0.0000	0.0000	0.0000	0.0000	0.0000
dy	0.0000	0.0000	0.0000	0.0000	0.0000
1/dx					
min x	1.0000	1.0000	1.0000	1.0000	1.0000
max x	100.0000M	100.0000M	100.0000M	100.0000M	100.0000M
min y	1.9883e-024	3.2314e-020	4.5686e-019	9.6440e-019	3.9810e-020
max y	1.6992e-021	1.5202e-018	2.3601e-015	2.3601e-017	1.3773e-017
offset x	0.0000	0.0000	0.0000	0.0000	0.0000
offset y	0.0000	0.0000	0.0000	0.0000	0.0000

2-2 ロー・ノイズOPアンプの性能をSPICEで最適化する基本的な考えかた

● NI Multisimでシミュレーションしてみる

図19は帰還抵抗を$R_2 = 90\,\Omega$, $R_3 = 10\,\Omega$とした回路,そして図20はこの定数にしたときのシミュレーション結果のマーカ・リードアウトです.

図19,図20の$R_2 = 90\,\Omega$, $R_3 = 10\,\Omega$の条件では,出力ノイズonoise_spectrumにR_3が影響を与える量(onoise_rr3)が1/7(dBだと −8.7 dB…電力相当なので20 logでの計算ではない)で,ほとんど影響がなくなっていることがわかります.

● 抵抗値を小さくしてみるとAD797の仕様に近くなる

inoise_spectrumはV^2の量ですから,この値のルートをとってみると,0.99 nV/$\sqrt{\text{Hz}}$になります.この結果はAD797のノイズ性能にだいぶ近づいていることがわかります.

■ さらに帰還抵抗を小さくしてみた

現実とすれば,これはこれで十分なのですが,$R_2 = 9\,\Omega$, $R_3 = 1\,\Omega$の条件で再度計算させてみました.

● シミュレーションしてみる

図21は$R_2 = 9\,\Omega$, $R_3 = 1\,\Omega$としたときのマーカ・リードアウトです.inoise_spectrumの値8.5220E − 19のルートをとってみると,0.92 nV/$\sqrt{\text{Hz}}$になっています.これはAD797の仕様どおりで,シミュレーション上でも良好な結果が出ていることがわかります.いずれにしても,$R_2 = 90\,\Omega$, $R_3 = 10\,\Omega$の条件と比較しても,0.6 dBしか違いませんので,$R_2 = 90\,\Omega$, $R_3 = 10\,\Omega$でもほぼ十分な特性であることがわかります.

● 実回路でこの抵抗値は小さすぎなので適切なところを見つける

といっても,この$R_2 = 90\,\Omega$, $R_3 = 10\,\Omega$というのは,普通に考えても小さめな抵抗値です.出力振幅が大きい場合は電流制限でアウトになるところです.そのため,この回路で構成す

図21 抵抗値を$R_2 = 9\,\Omega$, $R_3 = 1\,\Omega$としたときのマーカ・リードアウト

	onoise_rr1	onoise_rr2	onoise_spectrum	inoise_spectrum	onoise_rr3
x1	1.0381k	1.0381k	1.0381k	1.0381k	1.0381k
y1	1.6576e-021	1.4918e-019	8.5220e-017	8.5220e-019	1.3426e-018
x2	1.0381k	1.0381k	1.0381k	1.0381k	1.0381k
y2	1.6576e-021	1.4918e-019	8.5220e-017	8.5220e-019	1.3426e-018
dx	0.0000	0.0000	0.0000	0.0000	0.0000
dy	0.0000	0.0000	0.0000	0.0000	0.0000
1/dx					
1/dy					
min x	1.0000	1.0000	1.0000	1.0000	1.0000
max x	100.0000M	100.0000M	100.0000M	100.0000M	100.0000M
min y	3.0111e-025	6.1468e-020	1.3663e-019	8.2984e-019	1.0977e-020
max y	1.6816e-021	1.4918e-019	2.3397e-015	2.3397e-017	1.3721e-018
offset x	0.0000	0.0000	0.0000	0.0000	0.0000
offset y	0.0000	0.0000	0.0000	0.0000	0.0000

る初段は小信号で増幅させて，後段で再度増幅させること，もしくはR_3を小さく，R_2を大きくして増幅率を大きくすることが対策となるでしょう．

　実際問題としては，OPアンプのノイズと比較して，周辺抵抗により生じるサーマル・ノイズが1/2程度（−6 dB）になるくらいで十分でしょう．

● 10 ΩのR_3から発生するノイズ量は

　ここで，図19において$R_3 = 10$ Ωのときのonoise_rr3を計算してみましょう．図19でR_3から発生するノイズ量V_{NR3}は，

$$V_{NR3} \sqrt{4kTR} \ [\mathrm{V}/\sqrt{\mathrm{Hz}}]$$

で，$R = 10$ Ωですから$V_{NR3} = 4.07\mathrm{E} - 10$ V$/\sqrt{\mathrm{Hz}}$ になります．これがR_2とR_3で分圧されて，その接続点の電圧V_{NC}になりますから，

$$V_{NC} = V_{NR3} \times \frac{90}{10+90} = 3.66\mathrm{E} - 10 \ \mathrm{V}/\sqrt{\mathrm{Hz}}$$

と計算できます．これはonoise_rr3の入力換算ノイズ量ですから，2乗すれば1.342E−19と計算でき，それが増幅率$G = 10$の2乗で100倍され，

　　onoise_rr3 = 1.3426E−017 V$^2/\sqrt{\mathrm{Hz}}$

という，図20でのマーカ読み値になるわけです．

● R_2の影響が少なくなるのはOPアンプの出力につながっているから

　一応補足ですが，R_2の影響が少なくなる理由を説明しておきます．OPアンプの出力抵抗は低く，出力は交流的にグラウンド接続とほぼ同じ（等価）になります．そのため，R_2のサーマル・ノイズはR_2とR_3で分圧された量になり，影響度が低減することになります．

■ 入力換算等価「電流源」にしてみる

　それでは，一部繰り返しになりますが，入力換算等価電圧源を「電流源」に変えたときに，この等価「電流」源がノイズ源としてどれだけの大きさになるかを計算してみます．図22をご覧ください．電圧源が電流源に置き換わっています．結果を図23に示します．

● 電圧ノイズ量を再確認

　図21に示す，抵抗値を$R_2 = 9$ Ω，$R_3 = 1$ Ωとしたときのonoise_spectrumは8.5220E−17 V^2/Hzでした．それを$1/10^2 = 1/100$で入力換算した8.5220E−19 V^2/Hz，そのルート，9.232E−10 V$/\sqrt{\mathrm{Hz}}$（0.92 nV$/\sqrt{\mathrm{Hz}}$）が入力換算電圧ノイズ量V_Nになります．

図22 信号源を電流源に変更してみた ($R_2 = 9\,\Omega$, $R_3 = 1\,\Omega$)

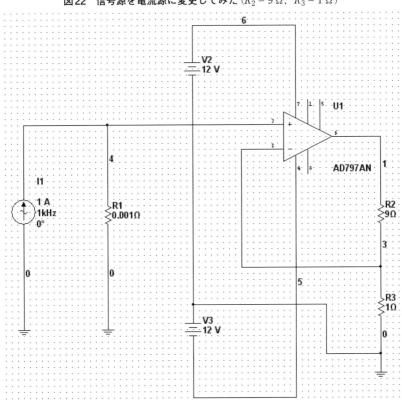

● 電流源に再変換してみる

これを電流源として再換算してみると，このV_Nを生じさせるための電流量I_Nは(OPアンプの非反転入力には電流は流れないので，すべてR_1に流れることになり)，$R_1 = 0.001\,\Omega$ (1 mΩ)なので，

$$I_N = \frac{V}{R_1} = \frac{9.232\mathrm{E}-10}{0.0001} = 9.232\mathrm{E}-7\ \mathrm{A}/\sqrt{\mathrm{Hz}}$$

になります．**図24**はこのときのマーカ・リードアウトを示していますが，この電流量I_Nを2乗した値，8.5225E−13 A²/Hzがinoise_spectrum(電流量)，つまり入力換算電流源の大きさとして表されています．

信号源抵抗R_1の大きさが非常に小さいため，電流量としては大きくなっています．逆に

図23 図22のシミュレーション結果

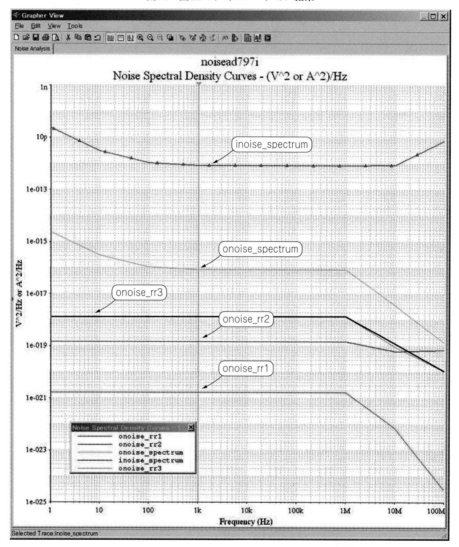

いうと「信号源抵抗が小さければ，電流性ノイズの影響を受けにくい」といえます。

このため，結局この回路は，OPアンプAD797の電圧性ノイズ［入力換算で0.9 nV/$\sqrt{\text{Hz}}$ (typ)］が支配的となるわけです．

図24 電流源にした図22のときのマーカ・リードアウト

	onoise_rr1	onoise_rr2	onoise_spectrum	inoise_spectrum	onoise_rr3
x1	1.0153k	1.0153k	1.0153k	1.0153k	1.0153k
y1	1.6576e-021	1.4918e-019	8.5225e-017	8.5225e-013	1.3426e-018
x2	1.0153k	1.0153k	1.0153k	1.0153k	1.0153k
y2	1.6576e-021	1.4918e-019	8.5225e-017	8.5225e-013	1.3426e-018
dx	0.0000	0.0000	0.0000	0.0000	0.0000
dy	0.0000	0.0000	0.0000	0.0000	0.0000
1/dx					
1/dy					
min x	1.0000	1.0000	1.0000	1.0000	1.0000
max x	100.0000M	100.0000M	100.0000M	100.0000M	100.0000M
min y	3.0111e-025	6.1468e-020	1.3663e-019	8.2984e-013	1.0977e-020
max y	1.6816e-021	1.4918e-019	2.3397e-015	23.3969p	1.3721e-018
offset x	0.0000	0.0000	0.0000	0.0000	0.0000
offset y	0.0000	0.0000	0.0000	0.0000	0.0000

■ 信号源抵抗を大きくしてみる

信号源抵抗R_1を1kΩにしたときにどうなるかを考えてみます．今度はOPアンプの電流性ノイズ［入力換算で2 pA/$\sqrt{Hz}$（typ）］の影響が出てきます．図22の入力換算等価電流源を「電圧源」に戻してシミュレーションしてみます．図25をご覧ください．

● 1 kΩ相当のサーマル・ノイズ量が得られている

信号源抵抗R_1を1kΩにしたので，R_1から出力に現れるノイズは，

onoise_rr1 = 1.6575E - 15 V^2/Hz

に大きくなっています．これは出力ノイズ量なので，入力換算で1.6575E - 17 V^2/Hzとなり，このルートを取って電圧量V_{NR1}にすると，

V_{NR1} = 4.07 nV/$\sqrt{Hz}$

で，1kΩから生じるサーマル・ノイズの量そのままです．

● サーマル・ノイズとAD797の入力換算電圧ノイズを足してみたら

これに合わせて，これまでの話のAD797の入力換算電圧ノイズ量（図21のinoise_spectrumから）

V_{NOP} = 9.231E - 10 V/$\sqrt{Hz}$ （0.92 nV/$\sqrt{Hz}$）

が電圧ノイズとして存在しています．

そこで，それぞれのノイズ量を2乗して足し算して，出力換算として10^{2}倍してonoise_spectrumになるかを計算してみます．

$(V_{NR1})^2$ = $(4.0712E - 9)^2$ = 1.6575E - 17 V^2/Hzを100倍
    = 1.6575E - 15 [V^2/Hz]

$(V_{NOP})^2$ = $(9.231E - 10)^2$ = 8.5220E - 19 V^2/Hzを100倍
    = 8.5220E - 17 [V^2/Hz]

1.6575E - 15 + 8.5220E - 17 = 1.7427E - 15 V^2/Hz

図25 信号源抵抗R_1を1kΩにしたときのマーカ・リードアウト(等価電圧源に戻した)

Noise Spectral Density Curves – (V^2 or A^2)/Hz					
	onoise_rr1	onoise_rr2	onoise_spectrum	inoise_spectrum	onoise_rr3
x1	1.0153k	1.0153k	1.0153k	1.0153k	1.0153k
y1	1.6575e-015	1.4918e-019	2.2336e-015	2.2337e-023	1.3426e-018
x2	1.0153k	1.0153k	1.0153k	1.0153k	1.0153k
y2	1.6575e-015	1.4918e-019	2.2336e-015	2.2337e-023	1.3426e-018
dx	0.0000	0.0000	0.0000	0.0000	0.0000
dy	0.0000	0.0000	0.0000	0.0000	0.0000
1/dx					
1/dy					
min x	1.0000	1.0000	1.0000	1.0000	1.0000
max x	100.0000M	100.0000M	100.0000M	100.0000M	100.0000M
min y	1.1886e-021	5.9137e-020	1.3497e-019	2.1461e-023	8.3414e-021
max y	1.8033e-015	1.5062e-019	9.0732e-014	1.8822e-021	1.4806e-018
offset x	0.0000	0.0000	0.0000	0.0000	0.0000
offset y	0.0000	0.0000	0.0000	0.0000	0.0000

になります．あれ？…**図25**では，
　　onoise_spectrum = $2.2336\mathrm{E}-15\ \mathrm{V}^2/\mathrm{Hz}$
で，ここまでの計算より大きいですね！

● AD797の電流性ノイズが原因だった

この大きな差異がどうなっているか再計算してみます．
　　onoise_spectrum −（出力に現れるR_1のサーマル・ノイズ$1.6575\mathrm{E}-15$）
　　　　　　　　 −（出力に現れるOPアンプの電圧性ノイズ$8.5220\mathrm{E}-17$）
　　　　= $0.4909\mathrm{E}-15\ \mathrm{V}^2/\mathrm{Hz}$

が差異のノイズ量です．入力換算ですと，1/100で，$0.4909\mathrm{E}-17\ \mathrm{V}^2/\mathrm{Hz}$です．これをルートを取ってノイズ電圧量にします．$2.2156\mathrm{E}-9\ \mathrm{V}/\sqrt{\mathrm{Hz}}$になっています．$R_1 = 1\ \mathrm{k}\Omega$でこのノイズ電圧量を割ると，電流量としては，
　　$2.2156\mathrm{E}-12\ \mathrm{A}/\sqrt{\mathrm{Hz}} = 2.2\ \mathrm{pA}/\sqrt{\mathrm{Hz}}$

です！これは最初に示したAD797の「INPUT CURRENT NOISE」の大きさとほぼ同じです．つまりこの差異は，AD797の電流性ノイズが影響を与えるぶんなのです．この電流性ノイズがR_1に流れ，R_1で電圧降下が発生し，ノイズ電圧になって出力に現れているんですね！

● ここまでのポイント

ここまでの流れからわかるポイントとして，
（1）AD797は電圧性ノイズが低く，電流性ノイズが高めである
（2）そのためある信号源抵抗を境にして，電流性ノイズのほうが支配的になっていく
ということになります．これらにより，信号源抵抗の高い場合にはAD797ではなく，電流性ノイズが低いOPアンプの必要性も理解いただけるものと思います．

2-2 ロー・ノイズOPアンプの性能をSPICEで最適化する基本的な考えかた

■ 全体のRMSノイズ量を求めてみる

あらためて，先の（**図25**の）

　　onoise_spectrum = 2.2336E − 15 V²/Hz

という「1 Hz密度」がどの程度の量なのか，考えてみましょう．

たとえば − 3 dB帯域が1 MHzのシステムで考えます．これが1次系（− 6 dB/octで低下する）のフィルタだと仮定した場合，全体のノイズ量は，

　　onoise_spectrum × 1E6 × 1.57 = 3.5067E − 9 V²/Hz

になります．1.57という係数は，1次フィルタの − 3 dB周波数を f [Hz] として，そのフィルタを通したときの全RMS（実効値）ノイズ量が，帯域幅 BW [Hz] の矩形フィルタを通したときの量と同じとしたとき，

　　$BW = 1.57 \times f$

と計算されるためです．つまり帯域補正係数です．上記の数値のルートを取ると，59 μV$_{RMS}$ になります．

● RMS値からピーク値にするには6倍する

話しが少しややこしいので，細かい話は飛ばしますが，このピーク値はRMS値の6倍程度と「概算」され，6倍だと 355 μV = 0.36 mV$_{peak}$ になります．結構大きくなるものですね．

ノイズはガウス分布をしているので，この6倍程度というのは，この大きさを越えるノイズ・ピークの発生確率が誤差の範囲（ほぼゼロ）として考えてよいという概算値です．品質管理の σ（標準偏差）の計算と実は同じなんです．

システムによっては，帯域幅 BW をできるだけ狭くしてSN比を向上させる，というやりかたも取ります．

■「等価ノイズ抵抗」という概念がある

数字ばっかりが並んでつまらなくなってきたかもしれません（汗）．そろそろ終わりにしましょう（笑）．信号源抵抗 R_1 が 1 kΩ のときには，

- R_1 から生じるノイズ量

　　$V_{NR1} = 4.07$ nV/$\sqrt{\text{Hz}}$

- OPアンプAD797の入力換算電圧ノイズ（データシートから）

　　$V_{NV} = 0.9$ nV/$\sqrt{\text{Hz}}$

- OPアンプAD797の電流性ノイズ（同じくデータシートから 2 pA/$\sqrt{\text{Hz}}$）が信号源抵抗 R_1 に流れて生じる電圧

　　$V_{NI} = 2$ nV/$\sqrt{\text{Hz}}$

というようにまとめられます．ここで，

$V_{NI} > V_{NV}$

になっていますね．信号源抵抗R_1が大きくなると，あるところで電流性ノイズの影響が電圧性ノイズを越してしまいます．そのところの信号源抵抗の大きさR_Nは，

R_N = 電圧性ノイズ／電流性ノイズ（それぞれ入力換算）
　　 = $0.9 \text{ nV}/\sqrt{\text{Hz}} \div 2 \text{ pA}/\sqrt{\text{Hz}} = 380 \text{ }\Omega$

と計算できます．

この計算により得られた値を「等価ノイズ抵抗R_N」といいます（次節でも改めて示す）．ただしここで電流ノイズは，入力の片側の端子だけで考えていますので，もう一方の端子にも抵抗がつながっている場合は，それも考慮する必要があります．

いずれにしても，ここまでの説明をベースにシミュレーションしてみれば，一発で答えが出ますから，SPICEシミュレータでぜひ遊んでみてください．

■ 現実の信号源には信号源抵抗がある

さて，ここまでノイズが生じる要素として，
- 信号源抵抗
- OPアンプの電圧性ノイズ（入力換算）
- OPアンプの電流性ノイズ（入力換算）

というものがあるという話をしてきました．また「信号源抵抗がある」ことと，「信号源抵抗が大きいときは，AD79ではない別のOPアンプを」という話をしました．しかし「信号源抵抗をなぜここまで気にするの？」という疑問が出てくると思います．

普通，信号源は電圧源で考えることが多いわけで，「電圧源＝内部抵抗ゼロ」と思いがちだと思います．しかし，実際のいろいろな自然界の信号，たとえばマイクの音声入力，センサ入力などなど，低いものでも数Ωから数10Ω，多くの種類のところで数kΩ，高いもので数GΩなど，信号源となるものには出力抵抗成分が存在します．

● フォト・ダイオードは信号源抵抗が高い

たとえばフォト・ダイオード信号の増幅は，電流－電圧変換（トランスインピーダンス）回路で構成されます．定電流出力のフォト・ダイオードはOPアンプの反転入力（バーチャル・ショート）のところに接続されます．

しかし，定電流というのは信号源インピーダンス（抵抗）が高いことと同じであり，ここまでの話で，OPアンプ入力に高い信号源抵抗がつながっていることと等価です．つまり電流性ノイズが支配的になりますから，電流性ノイズの低いOPアンプを選定する必要があるわけですね．

● 信号源抵抗から生じるノイズに影響されない回路を実現することがこの節の趣旨

　信号源抵抗からのサーマル・ノイズをなくすのは無理にしても（技もあるが），「OPアンプ回路から生じるノイズを最適に少なくして，信号を増幅する必要がある」というのがこの節の趣旨でした．

　また，信号源抵抗のノイズ自体もどのくらいあるかを，SN比という視点で十分に考慮することが必要だということにもなります．

まとめ

　ここまで抵抗にはサーマル・ノイズがあること，そしてOPアンプのノイズには電圧性と電流性があり，信号源抵抗の大きさとOPアンプの種類で，どちらが支配的になるかが決まる，とお話ししてきました．繰り返しになりますが，ここまでの理解をベースにSPICEシミュレータでシミュレーションしてみれば，難しい計算に悩むことなく答えが出る！…というわけです．

　アナログ・デバイセズのウェブ・サイトのRAQ（Rarely Asked Questions；珍問/難問集）に，OPアンプと抵抗のノイズに関係する話題がアップされていますので，最後に紹介しておきます．アナログ・デバイセズのエンジニアJames Bryantによる記事です．技術的なノウハウが得られる息抜きの記事です．ぜひ，ご覧ください．

　　http://www.analog.com/jp/analog-dialogue/raqs.html

- 私の低ノイズ・アンプはあまり低ノイズではありません．どこか間違えているのでしょうか？
- 前回，オペアンプのノイズを外部抵抗のせいにされました．いつもそうとは限らないと思うのですが，いかがでしょうか？
- 抵抗（と老婦人）には秘められた深みがある

2-3　回路構成ごとで最適なロー・ノイズ特性を実現するOPアンプを選ぶための道しるべ

　前節「ロー・ノイズOPアンプの性能をSPICEで最適化する基本的な考えかた」では，NI Multisim活用の応用編として，ロー・ノイズOPアンプAD797を用いてノイズ解析方法を説明しました．

　実際問題として，設計する回路に対して適切なOPアンプを選定する必要があります．OPアンプごとで電圧性/電流性ノイズのレベルが異なりますので，どのような用途にどのようなOPアンプが良いかを適切に選定する必要があります．また，アンプをカスケード（直列）に接続する際に，どのようなところに注意を払えばよいかも考える必要があります．

この節では，そのあたりの話題を掘り下げてみたいと思います．

■ 電圧性/電流性ノイズの低いOPアンプ…ベスト100

電圧性ノイズの低いOPアンプと，電流性ノイズの低いOPアンプを，アナログ・デバイセズのウェブ・サイトで用意している製品選択ツールを用いて，それぞれのベスト100を選択してみました．本章の最後に示しておきます．表1は入力換算「電圧性」ノイズの小さいほうから選んだランキング表です．表2は入力換算「電流性」ノイズの小さいほうから選んだランキング表です．

これからわかることは，1つのOPアンプで両方チャンピオンにはなっていないということです．「適材適所」というところでしょうか（信号源抵抗により決定すべき，という意味）．

なお，それぞれの表に「rtHz」とありますが，これは単位帯域あたりのノイズ量 $\sqrt{Hz}$ だという意味です．1 Hzあたりの帯域で考えるということを意味しています．

● 電流性ノイズは信号源抵抗や帰還抵抗に生じた電圧で考える

OPアンプの電圧性ノイズと電流性ノイズを実際の回路上でどのように取り扱うかは，電流性ノイズを「電流性ノイズによって信号源抵抗や帰還抵抗に生じた電圧量に変換して考える」ことで，電圧性ノイズと同じ土俵に載せて考えることができます．

たとえば，信号源抵抗を R_S [Ω]，OPアンプの電流性ノイズを I_N [A/$\sqrt{Hz}$]，電圧性ノイズを V_N [V/$\sqrt{Hz}$] とすれば，

$$R_S \times I_N <> V_N$$

として大小を比較することで，信号源抵抗 R_S に対して，そのOPアンプの電流性ノイズの影響度が高いのか，電圧性ノイズの影響度が高いのかを計算することができます．これにより，信号源抵抗に適したOPアンプを選定することができるわけです．

一般論としては，信号源抵抗が低い場合は，電流性ノイズの影響度が低くなるので，電圧性ノイズが良好なOPアンプを選定し，信号源抵抗が高い場合は，電流性ノイズの影響度が高くなるので，電流性ノイズが良好なOPアンプを選定するというところです．

● AD4530-1の電流性ノイズは70 aA/$\sqrt{Hz}$ という超微小量！

表2では，上位を占めるデバイスの電流性ノイズとして「aA/$\sqrt{Hz}$」という単位が見えますが，これは何でしょうか？ 前節で言及したAD797は，電流性ノイズ（入力換算）は 2 pA/$\sqrt{Hz}$ でした．この2 pAというのは，

10^{-12} ＝ピコ (pico)，p；一漠（ばく）

になります．その1/1000（－60 dB）は，

10^{-15} ＝フェムト (femto)，f；一須臾（しゅゆ）

2-3 回路構成ごとで最適なロー・ノイズ特性を実現するOPアンプを選ぶための道しるべ

COLUMN

1 涅槃寂静 A/√Hz

ところで，10^{-24} は「涅槃寂静（ねはんじゃくじょう）」と言うそうで，それこそ「ノイズレス」というところでしょう．1 pA からも − 240 dB です…．

涅槃寂静がどれだけ「ノイズレス」かを少し計算してみました（笑）．

1 ［涅槃寂静 A/√Hz］が 1T（10^{12}）Ωの抵抗に流れて発生するノイズ電圧は，

$$V_N [V/\sqrt{Hz}] = 1 \times 10^{-24} \times 1 \times 10^{12} = 1 \times 10^{-12}$$
$$= 1 pV/\sqrt{Hz}$$

です．

これが抵抗のサーマル・ノイズで同等だとどうなるかですが，

「0.001 Ωの抵抗が絶対温度 18 K のときに生じるノイズ量」

ですね．

うーむ，さすが「涅槃寂静」のノイズ量…．

さらにその 1/1000（− 60 dB）は，

10^{-18} ＝アト（atto），a；一刹那（せつな）

ということで，AD4530-1 の 70 aA/√Hz というのは，70 μ [pA/√Hz] ＝ 0.00007 pA/√Hz という値なわけです．驚きの低さですね！

この電流性ノイズにより，1 kΩに（電流が流れることで）発生する電圧性ノイズも，

$0.00007 \, pA/\sqrt{Hz} \times 1 \, k\Omega = 0.07 \, pV/\sqrt{Hz}$

ですから，電圧性ノイズや抵抗のサーマル・ノイズ（nV；10^{-9}のオーダ）から比べれば「彼方」の小ささです．

■ OPアンプ内部ノイズの現実の大きさと抵抗から生じるサーマル・ノイズ

さて，話を戻しましょう．ロー・ノイズ OP アンプ AD797 は，入力換算電圧性ノイズは 0.9 nV/√Hz，入力換算電流性ノイズは 2 pA/√Hz です．抵抗から生じるサーマル・ノイズと比較してこの大きさがどの程度なものかを示してみましょう．この計算により，データシートの仕様と実際のノイズ特性とが理解（比較）できるものと思います．

抵抗から生じる 1 Hz あたりのサーマル・ノイズ電圧 V_N は，

$V_N = \sqrt{4kTR}$

になります.ここで,kはボルツマン定数(1.38×10^{-23} J/K),Tは周囲の絶対温度[K],Rは抵抗の大きさ[Ω]です.

たとえば,信号源抵抗としてよく用いられる$R_S = 50$ Ωを,先の式に入れてみると(周囲温度は27℃ = 300 Kとする),

$$V_N = \sqrt{4kTRS} = 0.91 \text{ nV}/\sqrt{\text{Hz}}$$

になります.…面白いものです.この0.9 nV/$\sqrt{\text{Hz}}$ というのはAD797の入力換算電圧性ノイズの大きさですね! 現在のOPアンプでは電圧性ノイズは,この0.9 nV/$\sqrt{\text{Hz}}$ のオーダが一般的に最高レベルのものと言えるでしょう.

50 Ωに対して,AD797の電流性ノイズ(2 pA/$\sqrt{\text{Hz}}$)の影響度を考えてみます.先の式のように,電流性ノイズは抵抗R_Sに生じる電圧降下として計算できますので,

$$R_S I_N = 50 \text{ Ω} \times 2 \text{ pA}/\sqrt{\text{Hz}} = 0.1 \text{ nV}/\sqrt{\text{Hz}}$$

と計算することができます.信号源抵抗が50 Ωであれば,AD797の電流性ノイズの影響は,電圧性ノイズと比べてもかなり低くなる,ということがわかります.

さらに1 kΩの抵抗で考えてみましょう.先の式に1 kΩを代入してみると,

$$V_N = \sqrt{4kTRS} = 4.07 \text{ nV}/\sqrt{\text{Hz}}$$

が求まります.4 nVということで,AD797の入力換算電圧性ノイズの大きさよりもかなり大きくなっていることがわかります.

同じく1 kΩに対しても,AD797の電流性ノイズ(2 pA/$\sqrt{\text{Hz}}$)の影響度を考えてみます.先の式から,

$$R_S I_N = 1 \text{ kΩ} \times 2 \text{ pA}/\sqrt{\text{Hz}} = 2 \text{ nV}/\sqrt{\text{Hz}}$$

と計算することができ,AD797の電流性ノイズの影響が信号源抵抗が大きくなることで高くなってくること,すでにAD797の電圧性ノイズの0.9 nV/$\sqrt{\text{Hz}}$ という大きさも越していることがわかります.

これまでの計算で,抵抗によるサーマル・ノイズと,OPアンプの内部ノイズとの相対的な比も,イメージできるようになったかと思います.

それと若干話が異なりますが,炭素皮膜抵抗はサーマル・ノイズより大きいレベルの「過剰ノイズ」というノイズが出てきて,実際のノイズ量は計算したサーマル・ノイズよりも大きくなります.そのため,このようなロー・ノイズ設計ではきちんと金属皮膜抵抗を用いてください.

■ OPアンプの等価ノイズ抵抗R_Nで考える

ここまででご理解いただけたように,信号源抵抗R_Sの大きさによって,OPアンプの電圧性ノイズV_Nの影響度と,電流性ノイズI_Nの影響度のうち,どちらが大きくなるかが異なってきます.

ここでその指標として，先の節で示したOPアンプの等価ノイズ抵抗R_N

$$R_N = \frac{V_N}{I_N}$$

を定義します．もし信号源抵抗$R_S = R_N$であれば，

$$V_N = R_S I_N$$

となります．つまりここが，電圧性ノイズと電流性ノイズの影響度のうち，どちらが大きくなるかの境界になることがわかります．

■ ロー・ノイズ設計での定石「初段と後段の設計」

ロー・ノイズ設計での定石があります．「初段をロー・ノイズにすることがとても大事」というセオリです．たとえばフォト・ダイオード・アンプを考えてみます．

フォト・ダイオードは等価内部インピーダンスが非常に高いものです．そのため（以降でもあらためて定性的に示すが），初段の電流 − 電圧変換回路部分は電流性ノイズの低いOPアンプを選択すべきことになります．

そのアンプを前段に，後段には電圧性ノイズの小さいものを選んでみる，というのも定石の話に繋がってきます．この「後段には電圧性ノイズの小さいものを」というのは，初段のOPアンプ出力が低インピーダンスですから，後段のOPアンプから見れば，電圧性ノイズが支配的になる，という話なわけですね．

● NFはシステムとしてのノイズ性能を示す指標

NFは，増幅器を挿入することによって，システムとしてどれだけノイズ性能が低下する

図26　システムのノイズ性能を表す指数NF

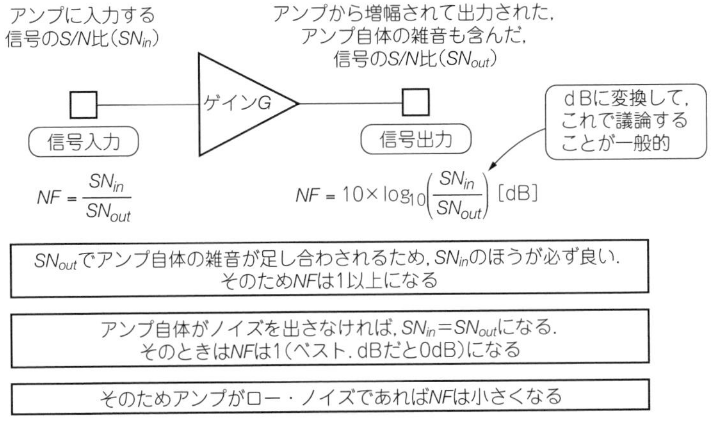

アンプに入力する
信号のS/N比(SN_{in})

アンプから増幅されて出力された，アンプ自体の雑音も含んだ，
信号のS/N比(SN_{out})

信号入力 → ゲインG → 信号出力

dBに変換して，これで議論することが一般的

$$NF = \frac{SN_{in}}{SN_{out}}$$

$$NF = 10 \times \log_{10}\left(\frac{SN_{in}}{SN_{out}}\right) [dB]$$

SN_{out}でアンプ自体の雑音が足し合わされるため，SN_{in}のほうが必ず良い．そのためNFは1以上になる

アンプ自体がノイズを出さなければ，$SN_{in} = SN_{out}$になる．そのときはNFは1（ベスト．dBだと0dB）になる

そのためアンプがロー・ノイズであればNFは小さくなる

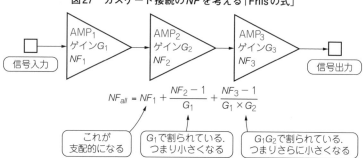

図27 カスケード接続のNFを考える「Friisの式」

かを示す数値です（図26）．

● カスケード接続のアンプのNFは初段が重要

図27はカスケードに接続したアンプのNFを数式で考えたものです．有名な「Friisの式」というものです．

ここでS/NやゲインGは「電力」で考えます．というより，V^2でノイズ・レベルの足し算，RSS（Root Sum Square）の関係で考えます（詳しい式は示さないが，この式の成り立ちからV^2で考える必要もわかる）．

図27の式でわかることは，2段目以降は前段までのゲインGで割られていますから，結局は初段（フロントエンド）が支配的だということです．まあ，この式の詳細がどうのというより，そのことさえ知っていれば十分でしょう．

ともあれ，フロントエンドをいかにロー・ノイズに設計するかが，とても大切ということですね．

● 信号源抵抗の大きさとNF

これまでの信号源抵抗の話題とNFの話を絡めて，少し示しておきたいと思います．

NFは，増幅器を挿入することによって，システムとしてどれだけノイズ性能が低下するかを示す数値です．

ところが，ここまでのことを考えると，同じ信号源電圧であっても，信号源抵抗R_Sが大きければ，サーマル・ノイズがその抵抗の大きさの平方根に比例して発生して，信号源のS/N自体が悪くなってしまうことになります．

つまり，電圧性ノイズが「完全に支配的」なOPアンプ（電流性ノイズが非常に低く，高信号源抵抗でも電圧性ノイズが支配的なもの）ですと，高い信号源抵抗R_Sによって生じるサーマル・ノイズが大きくなってくるため，回路出力のS/Nの低下に，OPアンプが与える影響

度が低くなってくるということなんですね．
　よく（FETなどで）横軸を信号源抵抗，縦軸をNFにしているグラフがあり，数kΩ以上とかでNFが良好になったりしていますが，これは信号源抵抗によるノイズが（抵抗値が大きくなると）支配的になってくる，ということの裏返しなわけですね．

● NFには2つの言いかたがあるので注意

　Noise FigureとNoise Factorという2つの言いかたがあり，どちらも略してNFです．NFは大体log10で計算し，dBで表します．こちらのことをNoise Figure，元々の真値のほうをNoise Factorと言うようです．
　カスケード接続のアンプの計算は真値を使いますので，注意してください．
　しかし，ホワイト・ノイズ（サーマル・ノイズ）を後段で推定（信号と区別）して，引き算除去する回路なんぞができたら，本当に凄いですね！（ため息）

2-4　製作したAD797超ロー・ノイズOPアンプ回路の特性評価と測定実験をしてみる

　写真2のように，AD797を2個使って2段アンプを作ってみました．AD797は最新のアンプではありませんが，現在でも最高レベルの低いノイズ特性をもっている高性能なOPアンプです．作った回路の使用目的はとりあえず聞かないでください…．この2段アンプ回路は，適当に電卓をポンポンとたたいて，深く考えずに作った回路です．

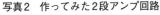

写真2　作ってみた2段アンプ回路

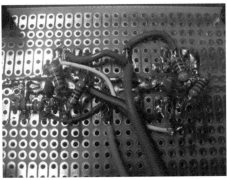

（a）部品面　　　　　　　　　　　　　　（b）はんだ面

■ 作った2段アンプ回路の紹介

　写真2(a)は部品面を上から見たもので，右側が入力で左側が出力．写真2(b)はそれを裏（はんだ面）から見たものです．

　回路のノイズ特性も測定したいので，抵抗は千石電商（東京秋葉原の電子部品販売店）で購入した金属皮膜抵抗を使っています．ユニバーサル基板はサンハヤトのICB-86G（これも千石電商で購入）というものです．この基板は中央にディジタルIC用のV_{CC}，GNDラインがパターンとして形成されていますので，便利に使えると思います．今回の回路は±電源なので，ここのパターンは2本をつなげてグラウンドにしてみました．

● 2段アンプ回路の回路図

　図28に回路図を示します．電源供給は前段，後段アンプの中央に47 μFのデカップリング・コンデンサを付けて，ここから一点アース的な感じで行ってみました．補償コンデンサ47 pFも接続しています．この外部補償用の47 pFを付けると歪み補償と帯域最適化が実現できます．

　データシートの関連部分を図29と図30に抜き出してみました．図28の回路図は図30の構成をベースにしています．今回の用途は低歪みを実現するものではありませんが，とりあえずこのコンデンサを付けてあります．

　入力側の終端抵抗が10 Ωでとても低いものですが，これは用途による制限のためです

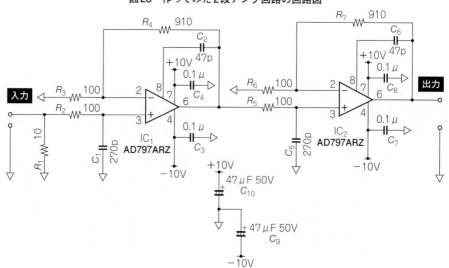

図28　作ってみた2段アンプ回路の回路図

図29 AD797のデータシートの関連する部分①
http://www.analog.com/jp/products/amplifiers/operational-amplifiers/
high-voltage-op-amps-greaterthanequalto-12v/ad797.html

Another unique feature of this circuit is that the addition of a single capacitor, C_N (see Figure 31), enables cancellation of distortion due to the output stage. This can best be explained by referring to a simplified representation of the AD797 using idealized blocks for the different circuit elements (Figure 32).

A single equation yields the open-loop transfer function of this amplifier; solving it at Node B yields

$$\frac{V_{OUT}}{V_{IN}} = \frac{g_m}{\frac{C_N}{A}j\omega - C_N j\omega - \frac{C_C}{A}j\omega}$$

where:
g_m is the transconductance of Q1 and Q2.
A is the gain of the output stage (~1).
V_{OUT} is voltage at the output.
V_{IN} is differential input voltage.

When C_N is equal to C_C, the ideal single-pole op amp response is attained:

$$\frac{V_{OUT}}{V_{IN}} = \frac{g_m}{j\omega C}$$

In Figure 32, the terms of Node A, which include the properties of the output stage, such as output impedance and distortion, cancel by simple subtraction. Therefore, the distortion cancellation does not affect the stability or frequency response of the amplifier. With only 500 μA of output stage bias, the AD797 delivers a 1 kHz sine wave into 60 Ω at 7 V rms with only 1 ppm of distortion.

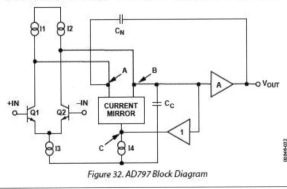

Figure 32. AD797 Block Diagram

図30　AD797のデータシートの関連する部分②

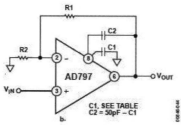

Figure 44. Recommended Connections for Distortion Cancellation and Bandwidth Enhancement

Table 6. Recommended External Compensation for Distortion Cancellation and Bandwidth Enhancement

Gain	A/B		A			B		
	R1 (Ω)	R2 (Ω)	C1 (pF)	C2 (pF)	3 dB BW	C1 (pF)	C2 (pF)	3 dB BW
10	909	100	0	50	6 MHz	0	50	6 MHz
100	1 k	10	0	50	1 MHz	15	33	1.5 MHz
1000	10 k	10	0	50	110 kHz	33	15	450 kHz

図31　作ってみた2段アンプ回路の増幅率特性 ($G = 40$ dB)

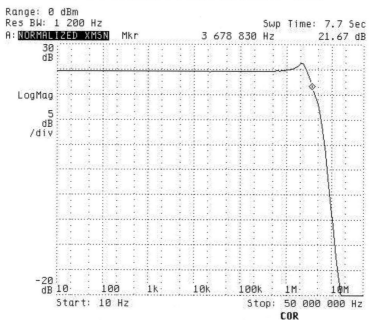

2-4 製作したAD797超ロー・ノイズOPアンプ回路の特性評価と測定実験をしてみる

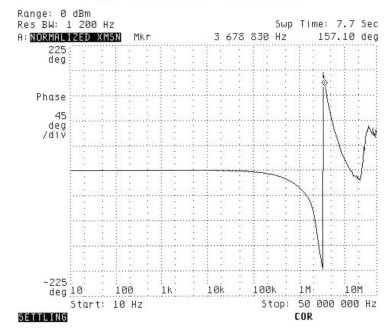

図32 作ってみた2段アンプ回路の位相特性

(いったい用途は,はてさて?…)

■ 作った2段アンプ回路の周波数特性

図31と図32に示すように,増幅率と位相の周波数特性を測定してみました.

周波数特性は,−3 dBで3.7 MHzとなりました.増幅率が0 dBになるときの周波数と位相をマーカで確認してみました.周波数は約9 MHz,そのところの位相は360 − 28 = 332°の遅れになっています.位相遅れが大きめだと感じられるかもしれません….

帰還抵抗が100 Ωと910 Ω,なおかつ非反転増幅なので,本来の増幅率 G は,

$G = 1 + 910/100 = 10$

になり,dBにすると20log (10)で20 dB,さらに2段ですから40 dBになるはずです.しかし,図31の実測では25 dB弱になっています.これは測定系の問題(というか理由)です.

● 40 dBにならない理由

このネットワーク・アナライザで信号源の出力インピーダンスが50 Ωであり,一方でアンプ出力を接続する入力ポートの入力インピーダンスはハイ・インピーダンス(1 MΩ入力

かつパッシブ・プローブを使用しているので 10 MΩ 入力になっている）として設定されています．この条件で校正（キャリブレーション）をしてありますので，校正時には信号源（電圧源）大きさをそのまま検出するようになっています．

一方，実測値が小さい理由は，この OP アンプ回路の入力抵抗です．先の説明と回路図からもわかるように，回路の入力抵抗は 10 Ω です．ネットワーク・アナライザ内部の信号源（電圧源）の大きさは，ネットワーク・アナライザの出力インピーダンス 50 Ω とこの 10 Ω で分圧され，それが AD797 に加わる信号源電圧になります．

つまり振幅は 1/6 になりますので，20log (1/6) は − 15.6 dB になり，40 − 15.6 = 24.4 dB と計算でき，**図31** の増幅率の測定結果のプロットと一致するわけです．

● 2段アンプ回路の位相量を確認

アンプの安定性の確認に直結するものではありませんが，位相量について考えてみます．

増幅率 $G = 0$ dB のところで位相が 332° 遅れになっています．2段アンプで同じ構成になっていますので，1段あたり 166° というところです．これは OP アンプ単独の遅れではなく，OP アンプ回路の入力にそれぞれ付いているフィルタによる位相遅れも入っています．

フィルタは 100 Ω と 270 pF ですが（信号源インピーダンスはシャントされた入力抵抗の 10 Ω が支配的なので，ゼロと考えてしまっている），この約 9 MHz という周波数では，コンデンサのリアクタンスは $1/(2\pi fC)$ から $-j65.5$ Ω と計算できますから，フィルタによる位相遅れは，

　　atan (66/100) = − 33°

で，アンプ自体の位相遅れは 166 − 33 = 133° になります．

■ ステップ応答で安定性の確認

低周波発振器の出力波形をサイン波から矩形波に変更して，ステップ入力として OP アンプ回路に入れて，ステップ応答を確認してみた結果が **図33** です．「あれ？」…波形が変です．

● ステップ応答波形がおかしいのはスルー・レートが原因

これはレベルを何も考えずに信号を入れて計測したので，スルー・レート (slew rate) の制限が出てしまっていたのでした．AD797 では 20 V/μs (typ) として，データシートに記載があります．スルー・レートは出力の振幅変化が最高速でどれだけになるかというもので，いわゆる「ダッシュしたらどれだけのスピード（最高速度）まで実力として走れるの？」というものを意味しています．

OP アンプの内部回路動作としては，差動回路の定電流源の電流分配量が飽和しきって，それが後段のミラー積分に相当するコンデンサを充電するため，定電流でコンデンサが充電

図33 ステップ応答を確認してみたが何だか変だ…

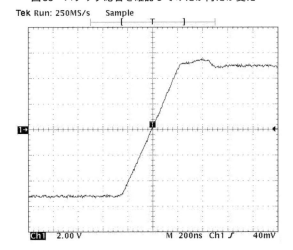

されることになるからです．
　そのため出力変化は直線になりますが，この計測でも直線になっています．200 nsで4 Vですから，40 V/μsが実験した素子のスルー・レート実力値というところです．

● 適切に設定してステップ応答波形を観測してみる
　適切にステップ応答を計測できていなかったということで，入力レベルを低下させて計測してみました．低周波用の発振器なので，発振器自体の（矩形波出力にしたときの）スルー・レートも低いのだが…，などと思いつつ実験したのが図34です．一応，ステップ応答の標準的な波形が得られました．オーバーシュートもそれほど大きくありません．安定していそうです．
　しかしよく考えてみると，2段アンプそれぞれの入力に，抵抗100 Ωとコンデンサ270 pFでフィルタが形成されていますから，これがステップ入力をなまらせて，結局はアンプ自体としては「甘めの」計測になってしまっています．またここでも行き当たりばったりが出てしまっています．実験計画をきちんと立ててからやるべきでしょうね．

● さらに高速パルス・ジェネレータを入力にしてステップ応答波形を観測してみる
　そこで，あらためて高速パルス・ジェネレータ（PG）を信号源として，1段アンプのみ（入力フィルタを外して単独で裸にして）でステップ応答を確認してみました．この結果を図35に示します．この測定でも無事，図34と同じような波形が得られました．よかったです．

図34 適切に設定して（と言っても低周波発振器で）ステップ応答を観測してみる

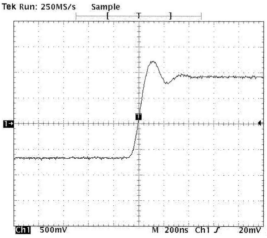

図35 高速パルス・ジェネレータを信号源として入力フィルタを外してステップ応答を確認

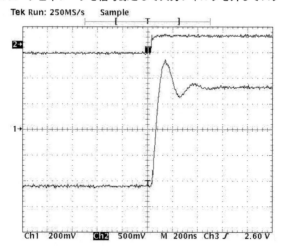

これで少し安心できました．

行ってみた実際の計測では，PGの出力振幅の下限が低くなく，目的とする回路出力波形の振幅レベルまでPG出力振幅（回路入力レベル）を低減できませんでした．そのためPG出力にアッテネータを追加して，回路出力が目的の大きさの波形になるまでOPアンプ回路へ

2-4 製作したAD797超ロー・ノイズOPアンプ回路の特性評価と測定実験をしてみる

の入力レベルを落としています．

なお，トリガ点が変な（少し早い）ところにありますが，これはトリガをPGのTRIG OUTから取っていて，そのパルスが少し早めに出ているからです．

また「スルー・レートの話題が出てきた」ということで，超高スルー・レート（2 kV/μs以上）のOPアンプを章末の**表3**に選んでみました．

■ サーマル・ノイズ測定実験のための前準備

実はこの回路の用途は非常に低レベルの信号を検出するものです．そこで次に，この回路を使って，抵抗1 kΩのサーマル・ノイズの測定実験を行ってみました．

回路出力をスペクトラム・アナライザ（以降「スペアナ」と呼ぶ．これまで説明してきたネットワーク・アナライザにはスペクトラム計測モードがある）でノイズ・レベルの観測ができるように，回路全体の増幅率を上げてみます．$R_3 = R_6 = 10\ \Omega$，$R_4 = R_7 = 1\ k\Omega$として，1段を100倍（実際は101倍）のアンプとしてみました．100倍ですから1段で$G = 40$ dB，全体で$G = 80$ dBのアンプに仕上がっています．

なお，この実験では，**図28**のOPアンプ回路の入力の$R_1 = 10\ \Omega$，LPFのR_2とC_1（$R_2 = 100\ \Omega$，$C_1 = 270$ pF）は取り去っています．

● まずは$G = 80$ dBの周波数特性を確認

最初に，この$G = 80$ dBの状態での周波数特性を，測定器をネットワーク・アナライザのモードのままで測定してみました．とはいえ，全体の増幅率の測定をするだけのセットアップでも結構時間を食ってしまいました．回路の増幅率が高いので，ネットワーク・アナライザのノイズ・フロアと入力オーバーロードと内部シグナル・ソース出力減衰率の兼ね合いで，なかなかうまく測定系をセットアップできなかったからです．

漸く測定できたのが**図36**です．増幅率$G = 40$ dBになっていますが，これはOPアンプ回路入力に10 kΩと100 Ωの電圧ディバイダを入れて，シグナル・ソースのレベルを1/100（-40 dB）にしているからです．

なお，ここまでのトレースは周波数軸がログ・スイープでしたが，ここでは以降で説明していくスペアナ計測との関連上，リニア・スイープにしてあります．

● $G = 40$ dBと$G = 80$ dBでは周波数特性が異なっている

ここで**図31**の増幅率$G = 40$ dBの場合と，先ほど計測してみた**図36**の$G = 80$ dBの場合とで，OPアンプ回路の増幅できる帯域幅が異なっていることがわかると思います．**図31**の増幅率$G = 40$ dBでは-3 dBが3.7 MHzで，**図36**の増幅率$G = 80$ dBでは1.2 MHzになっています．ここでわかることは，

図36 入力換算ノイズ特性を計測すべく$G=80$ dBにした回路の増幅率特性．入力で40 dB減衰されているので$G=40$ dBに見える

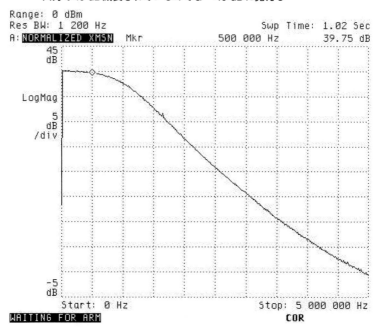

- 電圧帰還型のOPアンプでは増幅率が大きくなると帯域が狭くなる
- 逆に，GB積と呼ばれる，増幅率を10倍にすれば帯域が/10になる…という単純則には合致していない
- 増幅率を大きくしていけば，カットオフ付近での持ち上がりがなくなり（位相余裕が大きくなるから），増幅が安定する方向になる

ということですね．

● 生々しい（？）実験のようす

実験のようすを写真に撮ってみました（**写真3**）．右側のみのむしクリップがネットワーク・アナライザのシグナル・ソース（−50 dBm@50 Ω）からの入力で，先の説明のように，実験基板の内部で10 kΩと100 Ωでの分圧（−40 dB）になっています．はんだごてでクリップが焼けたようすが生々しいです（笑）．

出力側を観測するパッシブ・プローブは1：1にしてあります．理由は，測定系のS/Nを向上させたいからです．プローブを10：1にすると測定系（スペアナ）に入ってくる電力が

写真3 生々しい(?)実験のようす

低下するので，測定系のノイズ・フロアが余計に見えてしまうからです．

● サーマル・ノイズの測定のまえにレベルの校正（確認）

　次に，これまで説明したネットワーク・アナライザを「スペアナ計測モード」にして，まずこのスペアナのレベル校正（確認）をしてみます．本来スペアナを50 Ω終端で使うのであれば，入力レベルがそのままマーカ・リードアウト値になりますが，今回はこの測定器を1 MΩ入力に設定を変更しているので，入力電圧に対してどのようにdBm値としてリードアウトされるかを事前にきちんと確認しておく必要があります．

　dBmは電力値（0 dBm = 1 mW）ですから，$P = V^2/R$で計算すべき「電力」では，1 MΩ入力では本来の電力値としてリードアウト値が得られないためです．

　図37は1 V_{RMS}（1.414 V_{peak}）の信号をスペアナに入力したときのリードアウト値です．パッシブ・プローブ入力は1：1です．この設定において，1 Vの実効値が入力されると＋12.54 dBmとしてリードアウトされます．1 V_{RMS}が50 Ωに加わると＋13 dBmになりますから，このスペアナで入力を1 MΩの設定にしても，50 Ω入力相当の電力レベルがマーカで読まれることがわかります．

　計算値の13 dBmと測定結果の12.54 dBmの間には0.5 dBの差異があります．スペアナはパワー・メータではありませんので，マーカ・リードアウトの不確定性（uncertainty）が結構大きいものです．そのため，0.5 dBは「こんなものかな」と言えるかもしれません．

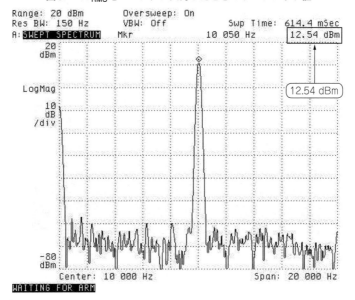

図37　1V$_{RMS}$をスペアナに入力したときのリードアウト値

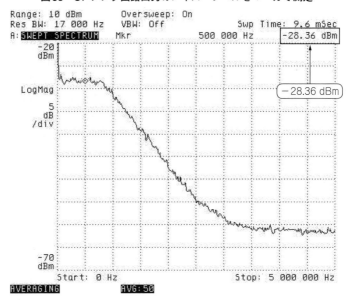

図38　OPアンプ回路出力のノイズ・レベルをマーカで測定

2-4 製作したAD797超ロー・ノイズOPアンプ回路の特性評価と測定実験をしてみる

■ いよいよ1kΩのサーマル・ノイズを確認

初段のOPアンプの+入力端子に1kΩだけを接続し，抵抗のサーマル・ノイズとAD797の電圧性/電流性ノイズの合わさったものが，OPアンプ出力にどのように現れるかを測定実験してみたいと思います．図38は，まずそのベースとなる測定です．

スペアナは50回のアベレージングをしてあります．この波形からわかるように，2段アンプの周波数特性がそのまま，ノイズを増幅した波形として現れています．マーカを500 kHzに合わせて，500 kHzのノイズ成分を計測してみました．-28.36 dBmと読み取れます．

● このマーカ・リードアウト値では1 Hzあたりのノイズ量にならない

しかし，これはマーカ周波数でのRBW (Resolution Band Width；分解能帯域幅，つまり通過フィルタ帯域内)における全ノイズ電力になりますから，本来求めたい1 Hzあたりのノイズ量，dBm/HzやnV/$\sqrt{Hz}$とは異なる大きさになっています．さて，それでは「dBm/HzやnV/$\sqrt{Hz}$」の単位帯域あたりのノイズ量を計測するにはどうしたらよいでしょうか．

dBm/HzやnV/$\sqrt{Hz}$の単位帯域あたりのノイズ量を計測する方法は，**写真4**のようにマーカの設定をdBm/HzやnV/$\sqrt{Hz}$の単位帯域あたり(1 Hzあたり)をリードアウトできるモードに変更することです．これを「ノイズ・マーカ」と呼びますが，スペアナの種類やメーカや年代によって，この設定キーの呼び名が異なりますので，ご注意ください．

図39は，その設定で測定したプロットです．マーカ・リードアウトがdBm/Hzに変わっていることがわかります(アベレージングしたままで観測している)．

●「1Hzあたり」のリードアウトとは

この「1 Hzあたり」というリードアウトは，スペアナのRBWフィルタの形状を積分し，

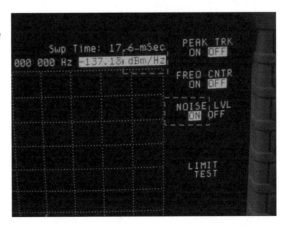

写真4
マーカの設定をノイズ・マーカ
(1Hzモード)に変更する

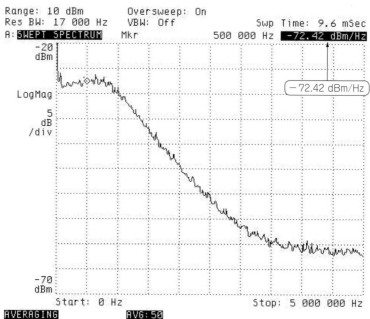

図39 ノイズ・マーカ(1 Hzモード)でアベレージングして計測

等価的な帯域幅Bを計算させておき，それでそのRBWで測定されたノイズ電力量Nを割る(N/B)やりかたで実現しています．

マイコンが装備されていなかった昔のスペアナでは，RBWと等価帯域幅Bの「換算数値」があり(数値がいくつかは覚えていませんが…)，これがガウス・フィルタで構成されているRBWフィルタの-3 dB帯域幅B_{RBW}への係数となり，それでBを算出し，dBm/Hzに変換していました．

● ノイズ・マーカにおけるアベレージングの影響度

先の図39ではアベレージングした結果のノイズ・マーカのリードアウト値が-72.42 dBm/Hzとなっています．アベレージングしないでどのような値が得られるかも見てみました．それが図40です．

アベレージングしないと観測波形は測定ごとに大きく暴れており，かなり異なってきていますが，ノイズ・マーカは平均化してきちんとした値(アベレージングの結果と同じ)，-72.61 dBm/Hzを答えとして出してきてくれています．良くできています．

なお，ノイズ・マーカはログ・レベルで出力されるため，アベレージングすると本来の値

図40 ノイズ・マーカでアベレージングしないで計測

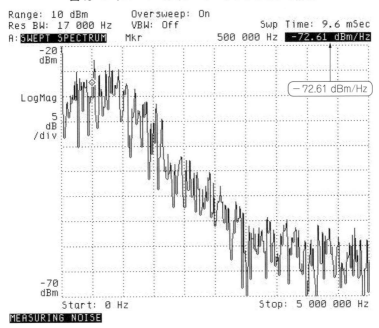

より低めに出てしまうスペアナがあります．マイコンが装備されたものであれば，このあたりは補正されて出力されますが，注意が必要なところでしょう．また，最近のスペアナではA-D変換によって信号の取り込みをしているので，このあたりの確度もより高いものになっています．

さて，この-72.42 dBm/Hzという大きさは電圧値ではどうなるでしょうか．

■ 測定結果を電圧値に変換して比較してみる

1 V_{RMS}（先の「レベルの校正」で見てきたように，実測で+12.5 dBm）と，先ほどの-72.4 dBm/Hzとの差は-84.9 dBです．電圧比として考えると，

$$10^{(-84.9/20)} = 10^{(-4.245)} = 5.69 \times 10^{-5}$$

になります．これから，-72.4 dBm/Hz = 5.69E-5 V/$\sqrt{Hz}$ と計算できます．AD797の仕様と抵抗のサーマル・ノイズの関係から，これを考えてみましょう．

この量を2段アンプの入力換算ノイズ量として考えてみると，OPアンプ回路の増幅率が10000倍（80 dB）ですから，10000で割れば5.69 nV/$\sqrt{Hz}$ と計算できます．一方，AD797の入力換算電圧性ノイズの最大値は，

$V_N = 1.2 \text{ nV}/\sqrt{\text{Hz}}$ (max, @1 kHz)

AD797の電流性ノイズは,

$I_N = 2 \text{ pA}/\sqrt{\text{Hz}}$ (typ)

この電流性ノイズが1 kΩの抵抗に流れて生じる電圧降下量が2 nV/$\sqrt{\text{Hz}}$ (typ)になります.抵抗自体のサーマル・ノイズは($4kTBR$で$B = 1$ Hzで考えて),

$V_{NR} = \sqrt{4kTR} = 4.07 \text{ nV}/\sqrt{\text{Hz}}$

ノイズ量の合成はRSS (Root Sum Square;電力の合成) になりますから,

$\sqrt{1.2^2 + 2^2 + 4.07^2} = 4.69 \text{ nV}/\sqrt{\text{Hz}}$

と計算できます(最初の項から電圧性V_N,電流性I_Nによる電圧降下,抵抗のサーマル・ノイズV_{NR}).この大きさはノイズ・マーカで読み出した大きさ(5.69 nV/$\sqrt{\text{Hz}}$)と比較して少し小さめです(−1.68 dB).とはいえ,これは電圧レベルで20%の誤差です.

● マーカ・リードアウトでの誤差要因もある

　先のようにスペアナのマーカ・リードアウトの精度は高くありません.また,ノイズ自体は正弦波ではなく,ガウス分布しているランダムな波形のため,波形率(RMS値/平均値)は$\pi/(2\sqrt{2})$の関係にはなりません.そのため,この誤差がスペアナに存在している可能性があります(正確に校正されたノイズ・ソースがあればいいのだが,手持ちしていないので測りようがない).

　ともあれ,少なくとも「ぼちぼち合っていそうだ」ということはわかります.これでノイズ特性の素性のわかったOPアンプ回路ができあがったことになります.

● True RMS検出ICなるものもある

　ところで,RMS値測定について補足ですが,たとえばアナログ・デバイセズのTrue RMS IC AD737のデータシート(図41)では,クレスト・ファクタ=3〜5で付加エラー2.5% (typ)と規定しており,表5でも=10の値が記載されています(クレスト・ファクタ=ピーク値/RMS値;波高率).一方で,ノイズはクレスト・ファクタが理論上無限大ですから,ホワイト・ノイズのRMSレベルを計測すると誤差が出てしまうのかもしれません.

　それでも,クレスト・ファクタ=6程度でホワイト・ノイズ波形のうちほとんどが収まるはずですから,それほど大きい誤差は生じないだろうと思われますけれども….なお,このようなTrue RMSではなく,「準ピーク検出」(ダイオードで検波して整流する方式など)だと大きな誤差が出てしまいますので,注意が必要です.

図41　True RMS IC AD737のデータシート
http://www.analog.com/jp/other-products/rms-to-dc-converters/ad737/products/product.html

Low Cost, Low Power, True RMS-to-DC Converter

AD737

FUNCTIONAL BLOCK DIAGRAM

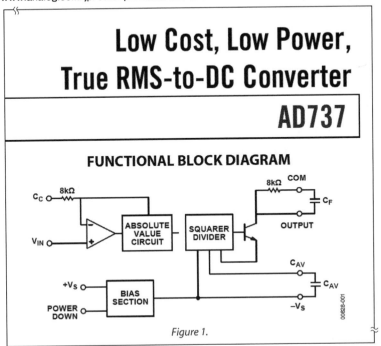

Figure 1.

表1 入力換算電圧性ノイズ密度の低いOPアンプのベスト100（2018年6月現在）（その1）

Part#	Input Voltage Noise	Input Current Noise	Small Signal BW	Slew Rate	Input Offset Voltage	Amp Per Package	$V_{CC} \sim V_{EE}$	Input Bias Current	Iq/Amp	Package
LT1028	850pV/rtHz	1pA/rtHz	75MHz	15V/μs	40μV	1	8V～44V	90nA	7.4mA	PDIP, SOIC
LT1128	850pV/rtHz	1pA/rtHz	20MHz	6V/μs	40μV	1	8V～44V	90nA	7.4mA	PDIP, SOIC
ADA4898-1	900pV/rtHz	2.4pA/rtHz	50MHz	55V/μs	125μV	1	9V～36V	400nA	8.1mA	SOIC-EP
ADA4898-2	900pV/rtHz	2.4pA/rtHz	50MHz	55V/μs	125μV	2	9V～36V	400nA	7.9mA	SOIC-EP
AD797	900pV/rtHz	2pA/rtHz	110MHz	20V/μs	40μV	1	10V～36V	900nA	10.5mA	PDIP, SOIC
LT1115	900pV/rtHz	1.2pA/rtHz	70MHz	15V/μs	200μV	1	8V～44V	380nA	8.5mA	PDIP, SOIC
AD8099	950pV/rtHz	2.6pA/rtHz	3.8GHz	470V/μs	500μV	1	5V～12V	13μA	15mA	LFCSP, SOIC-EP
LT6201	950pV/rtHz	2.2pA/rtHz	165MHz	50V/μs	1mV	2	2.5V～12.6V	40μA	20mA	SOIC, DFN
LT6200	950pV/rtHz	2.2pA/rtHz	165MHz	44V/μs	1mV	1	2.5V～12.6V	40μA	20mA	SOIC, SOT-23
LT6200-10	950pV/rtHz	2.2pA/rtHz	1.45GHz	340V/μs	1mV	1	2.5V～12.6V	40μA	20mA	SOIC, SOT-23
LT6200-5	950pV/rtHz	2.2pA/rtHz	750MHz	210V/μs	1mV	1	2.5V～12.6V	40μA	20mA	SOIC, SOT-23
ADA4897-1	1nV/rtHz	2.8pA/rtHz	90MHz	120V/μs	500μV	1	3V～10V	17μA	3mA	SOIC, SOT-23
ADA4899-1	1nV/rtHz	5.2pA/rtHz	280MHz	310V/μs	0.23mV	1	4.5V～12V	1μA	14.7mA	LFCSP, SOIC-EP
ADA4897-2	1nV/rtHz	2.8pA/rtHz	90MHz	120V/μs	500μV	2	3V～10V	17μA	3mA	CHIPS OR DIE, MSOP
RH1028M	1nV/rtHz	4.7pA/rtHz	75MHz	15V/μs	80μV	1	8V～44V	400nA	7.6mA	
ADA4896-2	1nV/rtHz	2.8pA/rtHz	90MHz	120V/μs	500μV	2	3V～10V	17μA	3mA	LFCSP, MSOP
RH1128M	1nV/rtHz		20MHz	15V/μs	80μV	1	8V～44V	400nA	7.6mA	
ADA4895-1	1nV/rtHz	2.6pA/rtHz	1.5GHz	943V/μs	350μV	1	3V～10V	6μA	3mA	SOIC, SOT-23

表1 入力換算電圧性ノイズ密度の低いOPアンプのベスト100(2018年6月現在)(つづき,その2)

Part#	Input Voltage Noise	Input Current Noise	Small Signal BW	Slew Rate	Input Offset Voltage	Amp Per Package	$V_{CC} \sim V_{EE}$	Input Bias Current	Iq/Amp	Package
ADA4895-2	1nV/rtHz	2.6pA/rtHz	1.5GHz	943V/μs	350μV	2	3V~10V	6μA	3mA	MSOP
AD8597	1.07nV/rtHz	1.9pA/rtHz	10MHz	16V/μs	120μV	1	9V~30V	200nA	5.7mA	LFCSP, SOIC
AD8599	1.07nV/rtHz	2.3pA/rtHz	10MHz	16V/μs	120μV	2	9V~36V	200nA	5.7mA	SOIC
RH6200M	1.1nV/rtHz	2.2pA/rtHz	165MHz	44V/μs	2mV	1	4.5V~12.6V	18μA	16.5mA	
LT6236	1.1nV/rtHz	1pA/rtHz	215MHz	60V/μs	500μV	1	3V~12.6V	10μA	3.15mA	SOT-23
LT6237	1.1nV/rtHz	1pA/rtHz	215MHz	60V/μs	500μV	2	3V~12.6V	10μA	3.15mA	MSOP, DFN
LT6230	1.1nV/rtHz	1pA/rtHz	215MHz	70V/μs	500μV	1	3V~12.6V	10μA	3.3mA	SOT-23
LT6238	1.1nV/rtHz	1pA/rtHz	215MHz	60V/μs	500μV	4	3V~12.6V	10μA	3.15mA	SSOP
LT6231	1.1nV/rtHz	1pA/rtHz	215MHz	70V/μs	350μV	2	3V~12.6V	10μA	3.3mA	SOIC, DFN
LT6232	1.1nV/rtHz	1pA/rtHz	215MHz	70V/μs	350μV	4	3V~12.6V	10μA	3.3mA	SSOP
LT6230-10	1.1nV/rtHz	1pA/rtHz	1.45GHz	250V/μs	500μV	1	3V~12.6V	10μA	3.3mA	SOT-23
LT6018	1.2nV/rtHz	3pA/rtHz	15MHz	30V/μs	50μV	1	8V~33V	150nA	7.2mA	SOIC-EP, DFN
ADA4800	1.5nV/rtHz			415V/μs	41mV	1	4V~17V		1.4mA	LFCSP, CHIPS OR DIE
AD8004	1.5nV/rtHz	38pA/rtHz	250MHz	3kV/μs	3.5mV	4	4V~12V	110μA	14mA	SOIC
AD8000	1.6nV/rtHz	26pA/rtHz		4.1kV/μs	10mV	1	4.5V~12V	45μA	13.5mA	LFCSP, SOIC-EP
LT1993-10	1.7nV/rtHz		700MHz	1.1kV/μs	6.5mV	1	4V~5.5V		100mA	QFN
AD829	1.7nV/rtHz	1.5pA/rtHz	750MHz	230V/μs	1mV	1	9V~36V	7μA	5.3mA	LCC, PDIP, CerDIP, SOIC, CHIPS OR DIE
AD8003	1.8nV/rtHz	36pA/rtHz	1.65GHz	3.8kV/μs	9.3mV	3	4.5V~10V	50μA	9.5mA	LFCSP, CHIPS OR DIE

表1 入力換算電圧性ノイズ密度の低いOPアンプのベスト100(2018年6月現在)(つづき,その3)

Part#	Input Voltage Noise	Input Current Noise	Small Signal BW	Slew Rate	Input Offset Voltage	Amp Per Package	$V_{CC} \sim V_{EE}$	Input Bias Current	Iq/Amp	Package
ADA4004-4	1.8nV/rtHz	1.2pA/rtHz	12MHz	2.7V/μs	125μV	4	10V~30V	90nA	2.2mA	LFCSP, SOIC
ADA4004-1	1.8nV/rtHz	1.2pA/rtHz	12MHz	2.7V/μs	125μV	1	10V~30V	90nA	2.2mA	SOIC, SOT-23
ADA4004-2	1.8nV/rtHz	1.2pA/rtHz	12MHz	2.7V/μs	125μV	2	10V~30V	90nA	2.2mA	SOIC, MSOP
AD815	1.85nV/rtHz	19pA/rtHz		900V/μs	8mV	2	10V~36V	5μA	15mA	LCC, PDIP, CerDIP, SOIC, SOIC-Wide, LCC, CHIPS OR DIE
AD811	1.9nV/rtHz	20pA/rtHz		400V/μs	3mV	1	9V~36V	5μA	14.5mA	
LT6204	1.9nV/rtHz	750fA/rtHz	100MHz	25V/μs	500μV	4	2.5V~12.6V	7μA	2.8mA	SOIC, SSOP
LT6233	1.9nV/rtHz	430fA/rtHz	60MHz	15V/μs	500μV	1	3V~12.6V	3μA	1.15mA	SOT-23
LT6233-10	1.9nV/rtHz	430fA/rtHz	375MHz	80V/μs	500μV	1	3V~12.6V	3μA	1.15mA	SOT-23
AD8017	1.9nV/rtHz	23pA/rtHz		1.6kV/μs	3mV	2	4.4V~12V	45μA	7mA	SOIC
AD8009	1.9nV/rtHz	46pA/rtHz		5.5kV/μs	5mV	1	5V~12V	150μA	14mA	SOIC, SOT-23, CHIPS OR DIE
LT6235	1.9nV/rtHz	430fA/rtHz	60MHz	17V/μs	350μV	4	3V~12.6V	3μA	1.15mA	SSOP
LT6203	1.9nV/rtHz	750fA/rtHz	100MHz	25V/μs	500μV	2	2.5V~12.6V	7μA	2.8mA	SOIC, MSOP, DFN
LT6202	1.9nV/rtHz	750fA/rtHz	100MHz	25V/μs	500μV	1	2.5V~12.6V	7μA	2.8mA	SOIC, SOT-23
LT6234	1.9nV/rtHz	430fA/rtHz	60MHz	17V/μs	350μV	2	3V~12.6V	3μA	1.15mA	SOIC, DFN
LT6203X	2nV/rtHz	750fA/rtHz	83MHz	24V/μs	500μV	2	2.5V~12.6V	7μA	3.3mA	SOIC

2-4 製作したAD797超ロー・ノイズOPアンプ回路の特性評価と測定実験をしてみる

表1 入力換算電圧性ノイズ密度の低いOPアンプのベスト100（2018年6月現在）（つづき，その4）

Part#	Input Voltage Noise	Input Current Noise	Small Signal BW	Slew Rate	Input Offset Voltage	Amp Per Package	$V_{CC} \sim V_{EE}$	Input Bias Current	Iq/Amp	Package
AD8023	2nV/rtHz	14pA/rtHz		1.2kV/μs	5mV	3	4.2V〜15V	45 μA	6.2mA	SOIC, CHIPS OR DIE
AD8010	2nV/rtHz	20pA/rtHz		800V/μs	12mV	1	9V〜12V	135 μA	15.5mA	PDIP, SOIC, SOIC-Wide
AD8011	2nV/rtHz	5pA/rtHz		1.1kV/μs	5mV	1	3V〜12V	15 μA	1mA	PDIP, SOIC
AD8079	2nV/rtHz	2pA/rtHz	260MHz	800V/μs	15mV	2	6V〜12V	6 μA	10mA	SOIC
AD8001	2nV/rtHz	18pA/rtHz	880MHz	1.2kV/μs	5.5mV	1	6V〜12V	25 μA	5mA	PDIP, CerDIP, SOIC, SOT-23, CHIPS OR DIE
AD8002	2nV/rtHz	18pA/rtHz	600MHz	1.2kV/μs	6mV	2	6V〜12V	25 μA	10mA	SOIC, MSOP
AD844	2nV/rtHz	12pA/rtHz		2kV/μs	150 μV		9V〜36V	250nA	6.5mA	PDIP, CerDIP, SOIC-Wide, CHIPS OR DIE
ADA4841-1	2.1nV/rtHz	1.4pA/rtHz	35MHz	13V/μs	300 μV	1	2.7V〜12V	5.3 μA	1.2mA	SOIC, SOT-23
ADA4841-2	2.1nV/rtHz	1.4pA/rtHz	35MHz	13V/μs	300 μV	2	2.7V〜12V	5.3 μA	1.2mA	LFCSP, SOIC, MSOP, CHIPS OR DIE
AD8021	2.1nV/rtHz	2.1pA/rtHz	1GHz	130V/μs	1mV	1	4.5V〜24V	11.3 μA	7.8mA	SOIC, MSOP
ADA4870	2.1nV/rtHz	4.2pA/rtHz		2.5kV/μs	10mV		10V〜40V	23 μA	32.5mA	PSOP3, CHIPS OR DIE
LT1993-4	2.15nV/rtHz		900MHz	1.1kV/μs	6.5mV	1	4V〜5.5V		100mA	QFN

表1 入力換算電圧性ノイズ密度の低いOPアンプのベスト100（2018年6月現在）（つづき、その5）

Part#	Input Voltage Noise	Input Current Noise	Small Signal BW	Slew Rate	Input Offset Voltage	Amp Per Package	$V_{CC} \sim V_{EE}$	Input Bias Current	Iq/Amp	Package
LTC6360	2.3nV/rtHz	3pA/rtHz	1GHz	135V/μs	250mV	1	4.75V~5.25V	30μA	13.6mA	MSOP_EP, DFN
ADA4311-1	2.4nV/rtHz	17pA/rtHz		1.05kV/μs	3mV	2	12V~12V	16μA	11.8mA	MSOP_ED
LT1007	2.5nV/rtHz	400fA/rtHz	8MHz	2.5V/μs	25μV	1	4V~44V	35nA	2.6mA	PDIP, SOIC
AD8392A	2.5nV/rtHz			515V/μs	4mV		10V~24V	10μA	5.8mA	LFCSP, TSSOP-EP
AD8022	2.5nV/rtHz	1.2pA/rtHz	100MHz	50V/μs	6mV	2	4.5V~26V	5μA	4mA	SOIC, MSOP
AD8012	2.5nV/rtHz	15pA/rtHz		2.25kV/μs	4mV	2	3V~12V	12μA	1.7mA	SOIC, MSOP
LT1037	2.5nV/rtHz	400fA/rtHz	60MHz	15V/μs	25μV	1	8V~44V	35nA	2.6mA	PDIP, SOIC
LT1226	2.6nV/rtHz	1.5pA/rtHz	1GHz	400V/μs	1mV	1	5V~36V	8μA	7mA	PDIP, SOIC
AD8016	2.6nV/rtHz	18pA/rtHz		1kV/μs	3mV	2	6V~26V	75μA	12.5mA	TSSOP-EP
LT1127	2.7nV/rtHz	300fA/rtHz	65MHz	11V/μs	90μV	4	8V~44V	20nA	2.6mA	PDIP, SOIC
LT1124	2.7nV/rtHz	300fA/rtHz	12.5MHz	4.5V/μs	70μV	2	8V~44V	20nA	2.3mA	PDIP, SOIC
LT1251	2.7nV/rtHz	1.5pA/rtHz	40MHz	300V/μs	5mV	1	5V~36V	30nA	13.5mA	PDIP, SOIC
LT1125	2.7nV/rtHz	300fA/rtHz	12.5MHz	4.5V/μs	90μV	4	8V~44V	20nA	2.3mA	PDIP, SOIC
AD8656	2.7nV/rtHz	1fA/rtHz	28MHz	11V/μs	250μV	2	2.7V~5.5V	10pA	4.5mA	SOIC, MSOP
LT1256	2.7nV/rtHz	1.5pA/rtHz	40MHz	300V/μs	5mV	1	5V~36V	20nA	13.5mA	PDIP, SOIC
AD8007	2.7nV/rtHz	22.5 pA/rtHz		1kV/μs	4mV	1	5V~12V	6μA	9mA	SC70, SOIC
LT1126	2.7nV/rtHz	300fA/rtHz	65MHz	11V/μs	70μV	2	8V~44V	20nA	2.6mA	PDIP, SOIC
AD8655	2.7nV/rtHz	1fA/rtHz	28MHz	11V/μs	250μV	1	2.7V~5.5V	10pA	4.5mA	SOIC, MSOP
AD8008	2.7nV/rtHz	22.5pA/rtHz	380MHz	1kV/μs	4mV	2	5V~12V	8μA	9mA	SOIC, MSOP
LTC6254	2.75nV/rtHz	4pA/rtHz	720MHz	280V/μs	350μV	4	2.5V~5.25V	3μA	3.3mA	MSOP
LTC6253-7	2.75nV/rtHz	4pA/rtHz	2GHz	500V/μs	350μV	2	2.5V~5.25V	750nA	3.3mA	MSOP

2-4 製作したAD797超ロー・ノイズOPアンプ回路の特性評価と測定実験をしてみる

表1 入力換算電圧性ノイズ密度の低いOPアンプのベスト100(2018年6月現在)(つづき，その6)

Part#	Input Voltage Noise	Input Current Noise	Small Signal BW	Slew Rate	Input Offset Voltage	Amp Per Package	$V_{CC} \sim V_{EE}$	Input Bias Current	Iq/Amp	Package
LTC6253	2.75nV/rtHz	4pA/rtHz	720MHz	280V/μs	350μV	2	2.5V~5.25V	3μA	3.3mA	SOT-23, MSOP, MSOP, DFN
LTC6252	2.75nV/rtHz	4pA/rtHz	720MHz	280V/μs	350μV	1	2.5V~5.25V	3μA	3.3mA	SOT-23
AD8675	2.8nV/rtHz	300fA/rtHz	10MHz	2.5V/μs	75μV	1	10V~30V	2nA	2.9mA	SOIC, MSOP
AD8676	2.8nV/rtHz	300fA/rtHz	10MHz	2.5V/μs	50μV	2	10V~30V	2nA	2.9mA	SOIC, MSOP
AD8671	2.8nV/rtHz	300fA/rtHz	10MHz	4V/μs	75μV	1	8V~36V	12nA	3.5mA	SOIC, MSOP
ADA4075-2	2.8nV/rtHz	1.2pA/rtHz	6.5MHz	12V/μs	1mV	2	9V~36V	100nA	2.25mA	LFCSP, SOIC
AD8674	2.8nV/rtHz	300fA/rtHz	10MHz	4V/μs	75μV	4	8V~36V	12nA	3.5mA	SOIC, TSSOP
AD8672	2.8nV/rtHz	300fA/rtHz	10MHz	4V/μs	75μV	2	8V~36V	12nA	3.5mA	SOIC, MSOP
ADA4310-1	2.85nV/rtHz	21.8pA/rtHz		820V/μs		2	5V~12V		7.6mA	LFCSP, MSOP_ED
AD743	2.9nV/rtHz	6.9fA/rtHz	4.5MHz	2.8V/μs	1mV	1	9.6V~36V	400pA	10mA	SOIC-Wide
AD810	2.9nV/rtHz	13pA/rtHz	80MHz	1kV/μs	6mV	1	5V~36V	10μA	6.8mA	PDIP, CerDIP, SOIC, CHIPS OR DIE
AD745	2.9nV/rtHz	6.9fA/rtHz	20MHz	12.5V/μs	500μV	1	9.6V~36V	250pA	10mA	SOIC-Wide
LTC6363	2.9nV/rtHz	550fA/rtHz	500MHz	75V/μs	100μV	1	2.8V~11V	1μA	1.7mA	MSOP, DFN
LT1254	3nV/rtHz	1.5pA/rtHz	250MHz	250V/μs	15mV	4	4V~28V		6mA	PDIP, SOIC
LT1994	3nV/rtHz	2.5pA/rtHz	70MHz	65V/μs	2mV	1	2.375V~12.6V	45μA	13.3mA	MSOP, DFN
AD8045	3nV/rtHz	3pA/rtHz	400MHz	1.35kV/μs	1mV	1	3.3V~12V	6.3μA	16mA	LFCSP, SOIC-EP

表2 入力換算電流性ノイズ密度の低いOPアンプのベスト100（2018年6月現在）（その1）

Part#	Input Voltage Noise	Input Current Noise	Small Signal BW	Slew Rate	Input Offset Voltage	Amp Per Package	$V_{CC} \sim V_{EE}$	Input Bias Current	Iq/Amp	Package
ADA4530-1	14n/rtHz	70aA/rtHz	2MHz	1.4V/μs	40μV	1	4.5V～16V	20fA	900μA	SOIC
AD549	35n/rtHz	110aA/rtHz	1MHz	3V/μs	500μV	1	10V～36V	60fA	700μA	Header
AD8627	16n/rtHz	400aA/rtHz	5MHz	5V/μs	750μV	1	5V～26V	1pA	850μA	SC70, SOIC
AD8625	16n/rtHz	400aA/rtHz	5MHz	5V/μs	750μV	4	5V～26V	1pA	850μA	SOIC, TSSOP
AD8626	16n/rtHz	400aA/rtHz	5MHz	5V/μs	750μV	2	5V～26V	1pA	850μA	SOIC, MSOP
LT1464	24n/rtHz	400aA/rtHz	1MHz	900mV/μs	800μV	2	10V～40V	2pA	145μA	PDIP, SOIC
LT1465	24n/rtHz	400aA/rtHz	1MHz	900mV/μs	800μV	4	10V～40V	2pA	145μA	PDIP, SOIC
LT1462	76n/rtHz	500aA/rtHz	175kHz	130mV/μs	800μV	2	10V～40V	2pA	28μA	PDIP, SOIC
LT1463	76n/rtHz	500aA/rtHz	175kHz	130mV/μs	800μV	4	10V～40V	2pA	28μA	PDIP, SOIC
ADA4500-2	14.5n/rtHz	500aA/rtHz	10MHz	5.5V/μs	120μV	2	2.7V～5.5V	2pA	1.55mA	LFCSP, MSOP
AD8641	27.5n/rtHz	500aA/rtHz	3.5MHz	3V/μs	750μV	1	5V～26V	1pA	290μA	SC70, SOIC
AD8642	27.5n/rtHz	500aA/rtHz	3.5MHz	3V/μs	750μV	2	5V～26V	1pA	290μA	SOIC, MSOP
LTC6082	13n/rtHz	500aA/rtHz	3.6MHz	1V/μs	70μV	4	2.7V～5.5V	1pA	330μA	SSOP, DFN
AD8639	60n/rtHz	500aA/rtHz	1.5MHz	2V/μs	9μV	2	4.5V～16V	75pA	1.5mA	LFCSP, SOIC, MSOP
LTC6081	13n/rtHz	500aA/rtHz	3.6MHz	1V/μs	70μV	2	2.7V～5.5V	1pA	330μA	MSOP, DFN
AD8643	27.5n/rtHz	500aA/rtHz	3.5MHz	3V/μs	750μV	4	5V～26V	1pA	290μA	LFCSP, SOIC
LTC6078	18n/rtHz	560aA/rtHz	750kHz	50mV/μs	25μV	2	2.7V～5.5V	1pA	54μA	MSOP, DFN
LTC6242HV	7n/rtHz	560aA/rtHz	18MHz	10V/μs	125μV	4	2.8V～12V	75pA	1.8mA	SSOP, DFN
LTC6240	7n/rtHz	560aA/rtHz	18MHz	10V/μs	175μV	1	2.8V～6V	1pA	2mA	SOIC, SOT-23
LTC6088	12n/rtHz	560aA/rtHz	14MHz	7.2V/μs	750μV	4	2.7V～5.5V	40pA	1.05mA	SSOP, DFN
LTC6087	12n/rtHz	560aA/rtHz	14MHz	7.2V/μs	750μV	2	2.7V～5.5V	40pA	1.05mA	MSOP, DFN

表2 入力換算電流性ノイズ密度の低いOPアンプのベスト100（2018年6月現在）（つづき，その2）

Part#	Input Voltage Noise	Input Current Noise	Small Signal BW	Slew Rate	Input Offset Voltage	Amp Per Package	$V_{CC} \sim V_{EE}$	Input Bias Current	Iq/Amp	Package
LTC6241	7n/rtHz	560aA/rtHz	18MHz	10V/μs	125μV	2	2.8V～6V	75pA	1.8mA	SOIC, DFN
LTC6241HV	7n/rtHz	560aA/rtHz	18MHz	10V/μs	125μV	2	2.8V～12V	75pA	1.8mA	SOIC, DFN
LTC6242	7n/rtHz	560aA/rtHz	18MHz	10V/μs	125μV	4	2.8V～6V	75pA	1.8mA	SSOP, DFN
LTC6240HV	7n/rtHz	560aA/rtHz	18MHz	10V/μs	175μV	1	2.8V～12V	1pA	2mA	SOIC, SOT-23
LTC6079	18n/rtHz	560aA/rtHz	750kHz	50mV/μs	25μV	4	2.7V～5.5V	1pA	54μA	SSOP, DFN
LTC6084	31n/rtHz	560aA/rtHz	1.5MHz	500mV/μs	750μV	2	2.5V～5.5V	40pA	110μA	MSOP, DFN
LTC6085	31n/rtHz	560aA/rtHz	1.5MHz	500mV/μs	750μV	4	2.5V～5.5V	40pA	110μA	SSOP, DFN
LTC6244	8n/rtHz	560aA/rtHz	50MHz	35V/μs	100μV	2	2.8V～6V	75pA	6.25mA	MSOP, DFN
LTC6244HV	8n/rtHz	560aA/rtHz	50MHz	35V/μs	100μV	2	2.8V～12V	75pA	6.25mA	MSOP, DFN
LTC1052	30n/rtHz	600aA/rtHz	1.2MHz	4V/μs	5μV	1	4.75V～18V	30pA	1.7mA	PDIP, SOIC
AD8065	7n/rtHz	600aA/rtHz	145MHz	180V/μs	1.5mV	1	5V～24V	7pA	7.4mA	CHIPS OR DIE, SOIC, SOT-23
AD8066	7n/rtHz	600aA/rtHz	145MHz	180V/μs	1.5mV	2	5V～24V	7pA	7.4mA	SOIC, MSOP
AD795	9n/rtHz	600aA/rtHz	1.6MHz	1V/μs	500μV	1	8V～36V	2pA	1.5mA	SOIC
AD8033	11n/rtHz	700aA/rtHz	40MHz	80V/μs	2mV	1	5V～24V	12pA	3.3mA	SC70, SOIC
AD8034	11n/rtHz	700aA/rtHz	40MHz	80V/μs	2mV	2	5V～24V	12pA	3.3mA	SOIC, SOT-23, CHIPS OR DIE
ADA4622-4	12.5n/rtHz	800aA/rtHz	8MHz	23V/μs	350μV	4	5V～30V	10pA	665μA	LFCSP, SOIC
ADA4622-1	12.5n/rtHz	800aA/rtHz	8MHz	23V/μs	350μV	1	5V～30V	10pA	715μA	SOIC, SOT-23
AD8244	13n/rtHz	800aA/rtHz		800mV/μs	350μV	4	3V～36V	3pA	180μA	MSOP

表2 入力換算電流性ノイズ密度の低いOPアンプのベスト100（2018年6月現在）（つづき，その3）

Part#	Input Voltage Noise	Input Current Noise	Small Signal BW	Slew Rate	Input Offset Voltage	Amp Per Package	$V_{CC} \sim V_{EE}$	Input Bias Current	Iq/Amp	Package
AD820	13n/rtHz	800aA/rtHz	1.8MHz	3V/μs	1mV	1	5V〜30V	10pA	900μA	PDIP, SOIC, MSOP
AD822	13n/rtHz	800aA/rtHz	1.8MHz	3V/μs	1.5mV	2	5V〜30V	12pA	900μA	CHIPS OR DIE, PDIP, SOIC, MSOP
LT1793	6n/rtHz	800aA/rtHz	4.2MHz	3.4V/μs	800μV	1	10V〜40V	10pA	4.2mA	PDIP, SOIC
LT1112	14n/rtHz	800aA/rtHz	750kHz	300mV/μs	60μV	2	2V〜40V	250pA	350μA	PDIP, SOIC
ADA4622-2	12.5n/rtHz	800aA/rtHz	8MHz	23V/μs	350μV	2	5V〜30V	10pA	665μA	LFCSP, SOIC, MSOP
AD8656	2.7n/rtHz	1fA/rtHz	28MHz	11V/μs	250μV	2	2.7V〜5.5V	10pA	4.5mA	SOIC, MSOP
ADA4610-4	7.3n/rtHz	1fA/rtHz	16.3MHz	25V/μs	400μV	4	10V〜36V	25pA	1.6mA	LFCSP, SOIC
ADTL084	16μ/rtHz	1fA/rtHz	5MHz	20V/μs	5.5mV	4	8V〜36V	100pA	1.2mA	SOIC, TSSOP
ADTL082	16n/rtHz	1fA/rtHz	5MHz	20V/μs	5.5mV	2	8V〜36V	100pA	1.2mA	SOIC, MSOP
AD8655	2.7n/rtHz	1fA/rtHz	28MHz	11V/μs	250μV	1	2.7V〜5.5V	10pA	4.5mA	SOIC, MSOP
AD8666	8n/rtHz	1fA/rtHz	4MHz	3.5V/μs	2.5mV	2	5V〜16V	1pA	1.55mA	SOIC, MSOP
AD823A	13n/rtHz	1fA/rtHz	10MHz	35V/μs	3.5mV	2	3V〜36V	25pA	5.1mA	SOIC, MSOP
LTC6090-5	14n/rtHz	1fA/rtHz	24MHz	37V/μs	1mV	1	9.5V〜140V	50pA	2.7mA	TSSOP-EP, SOIC_EP
AD8638	60n/rtHz	1fA/rtHz	1.5MHz	2V/μs	9μV	1	4.5V〜16V	75pA	1.5mA	SOIC, SOT-23
LTC6090	14n/rtHz	1fA/rtHz	12MHz	24V/μs	1mV	1	9.5V〜140V	50pA	2.7mA	TSSOP-EP, SOIC_EP
LTC6091	14n/rtHz	1fA/rtHz	12MHz	21V/μs	1mV	2	9.5V〜140V	50pA	2.8mA	QFN
AD8067	6.6n/rtHz	1fA/rtHz	54MHz	640V/μs	1mV	1	5V〜24V	5pA	7mA	SOT-23
AD8646	6n/rtHz	1fA/rtHz	24MHz	11V/μs	2.5mV	2	2.7V〜5.5V	1pA	2mA	SOIC, MSOP

2-4 製作したAD797超ロー・ノイズOPアンプ回路の特性評価と測定実験をしてみる

表2 入力換算電流性ノイズ密度の低いOPアンプのベスト100（2018年6月現在）（つづき，その4）

Part#	Input Voltage Noise	Input Current Noise	Small Signal BW	Slew Rate	Input Offset Voltage	Amp Per Package	$V_{CC} \sim V_{EE}$	Input Bias Current	Iq/Amp	Package
AD823	16n/rtHz	1fA/rtHz	10MHz	25V/μs	3.5mV	2	3V~36V	30pA	5.2mA	PDIP, SOIC
AD8647	6n/rtHz	1fA/rtHz	24MHz	11V/μs	2.5mV	2	2.7V~5.5V	1pA	2mA	MSOP
AD8648	6n/rtHz	1fA/rtHz	24MHz	11V/μs	2.5mV	4	2.7V~5.5V	1pA	2mA	SOIC, TSSOP
LT1169	6n/rtHz	1fA/rtHz	5.3MHz	4.2V/μs	2mV	2	9V~40V	20pA	5.3mA	PDIP, SOIC
ADA4610-2	7.3n/rtHz	1fA/rtHz	16.3MHz	25V/μs	400μV	2	10V~36V	25pA	1.6mA	LFCSP, SOIC, MSOP
ADA4610-1	7.3n/rtHz	1fA/rtHz	16.3MHz	25V/μs	400μV	1	10V~36V	25pA	1.6mA	SOIC, SOT-23
AD824	16n/rtHz	1.1fA/rtHz	2MHz	2V/μs	2.5mV	4	2.7V~30V	35pA	560μA	SOIC
LTC1047		1.5fA/rtHz	200kHz	200mV/μs	10μV	2	4.75V~16V	30pA	60μA	PDIP, SOIC
LT1057	13n/rtHz	1.5fA/rtHz	5MHz	14V/μs	450μV	2	8V~40V	50pA	1.6mA	PDIP, SOIC
LT1058	13n/rtHz	1.5fA/rtHz	5MHz	14V/μs	600μV	4	8V~40V	50pA	1.6mA	PDIP, SOIC
LT1457	13n/rtHz	1.5fA/rtHz	1MHz	4V/μs	450μV	2	9V~40V	500pA	1.8mA	PDIP, SOIC
LT1057MH/883	13n/rtHz	1.5fA/rtHz	5MHz	14V/μs	450μV	2	8V~40V	50pA	1.6mA	PDIP, SOIC
ADA4627-1	4.8n/rtHz	1.6fA/rtHz	19MHz	56V/μs	200μV	1	9V~36V	5pA	7mA	LFCSP, SOIC
ADA4637-1	4.8n/rtHz	1.6fA/rtHz	79.9MHz	170V/μs	200μV	1	9V~30V	5pA	7mA	LFCSP, SOIC
LTC1150		1.8fA/rtHz	2.5MHz	3V/μs	10μV	1	4.75V~32V	100pA	800μA	PDIP, SOIC
AD648	30n/rtHz	1.8fA/rtHz	1MHz	1.8V/μs	1mV	2	9V~36V	10pA	170μA	PDIP, SOIC
LT1022AMH/883	14n/rtHz	1.8fA/rtHz	8.5MHz	26V/μs	250μV	1	20V~40V	50pA	5.2mA	TO-5, PDIP
LTC1050	90n/rtHz	1.8fA/rtHz	2.5MHz	4V/μs	5μV	1	4.75V~18V	30pA	1mA	PDIP, SOIC
LT1022	14n/rtHz	1.8fA/rtHz	8.5MHz	26V/μs	250μV	1	20V~40V	50pA	5.2mA	TO-5, PDIP

表2 入力換算電流性ノイズ密度の低いOPアンプのベスト100（2018年6月現在）（つづき，その5）

Part#	Input Voltage Noise	Input Current Noise	Small Signal BW	Slew Rate	Input Offset Voltage	Amp Per Package	$V_{CC} \sim V_{EE}$	Input Bias Current	Iq/Amp	Package
LT1056	15n/rtHz	1.8fA/rtHz	5.5MHz	14V/μs	800μV	1	8V~40V	50pA	5mA	PDIP, SOIC
LT1055	15n/rtHz	1.8fA/rtHz	4.5MHz	12V/μs	700μV	1	8V~40V	50pA	2.8mA	PDIP, SOIC
LTC1049	80n/rtHz	2fA/rtHz	800kHz	800mV/μs	10μV	1	4.75V~18V	50pA	200μA	PDIP, SOIC
AD8574	51n/rtHz	2fA/rtHz	1.5MHz	400mV/μs	5μV	4	2.7V~5.5V	50pA	975μA	SOIC, TSSOP
AD8571	51n/rtHz	2fA/rtHz	1.5MHz	400mV/μs	5μV	1	2.7V~5.5V	50pA	975μA	SOIC, MSOP
AD8572	51n/rtHz	2fA/rtHz	1.5MHz	400mV/μs	5μV	2	2.7V~5.5V	50pA	975μA	SOIC, TSSOP
LT1122	14n/rtHz	2fA/rtHz	14MHz	80V/μs	600μV	1	20V~40V	75pA	7.5mA	PDIP, SOIC
AD8554	42n/rtHz	2fA/rtHz	1.5MHz	400mV/μs	5μV	4	2.7V~5V	50pA	975μA	SOIC, TSSOP
AD8551	42n/rtHz	2fA/rtHz	1.5MHz	400mV/μs	5μV	1	2.7V~5V	50pA	975μA	SOIC, MSOP
AD8552	42n/rtHz	2fA/rtHz	1.5MHz	400mV/μs	5μV	2	2.7V~5V	50pA	975μA	SOIC, TSSOP
LTC1051	70n/rtHz	2.2fA/rtHz	2.5MHz	4V/μs	5μV	2	4.75V~16.5V	65pA	1mA	PDIP, SOIC
LTC1151		2.2fA/rtHz	2MHz	2.5V/μs	5μV	2	4.75V~36V	100pA	900μA	PDIP, SOIC
LTC1053	70n/rtHz	2.2fA/rtHz	2.5MHz	4V/μs	5μV	4	4.75V~16.5V	65pA	1mA	PDIP, SOIC
ADA4817-2	4n/rtHz	2.5fA/rtHz	410MHz	870V/μs	2mV	2	5V~10V	20pA	19mA	LFCSP
ADA4817-1	4n/rtHz	2.5fA/rtHz	410MHz	870V/μs	2mV	1	5V~10V	20pA	19mA	LFCSP, SOIC-EP
LTC2050HV		3fA/rtHz	3MHz	2V/μs	3μV	1	2.7V~11V	75pA	800μA	SOIC, SOT-23
OP249	16n/rtHz	3fA/rtHz	4.7MHz	22V/μs	750μV	2	9V~36V	75pA	3.5mA	PDIP, SOIC, LCC, CERDIP

2-4 製作したAD797超ロー・ノイズOPアンプ回路の特性評価と測定実験をしてみる

表2 入力換算電流性ノイズ密度の低いOPアンプのベスト100 (2018年6月現在) (つづき, その6)

Part#	Input Voltage Noise	Input Current Noise	Small Signal BW	Slew Rate	Input Offset Voltage	Amp Per Package	$V_{CC} \sim V_{EE}$	Input Bias Current	Iq/Amp	Package
LTC2050		3fA/rtHz	3MHz	2V/μs	3μV	1	2.7V～6V	75pA	800μA	SOIC, SOT-23
ADA4001-2	7.7n/rtHz	3fA/rtHz	16.7MHz	25V/μs	1.5mV	2	9V～36V	30pA	2mA	SOIC
LTC1250	15n/rtHz	4fA/rtHz	1.5MHz	10V/μs	10μV	1	4.75V～18V	200pA	3mA	PDIP, SOIC
AD8651	4.5n/rtHz	4fA/rtHz	50MHz	41V/μs	350μV	1	2.7V～5.5V	10pA	9mA	SOIC, MSOP
AD8652	4.5n/rtHz	4fA/rtHz	50MHz	41V/μs	300μV	2	2.7V～5.5V	10pA	9mA	SOIC, MSOP
ADA4625-1	3.3n/rtHz	4.5fA/rtHz	18MHz	48V/μs	80μV	1	5V～36V	75pA	4mA	SOIC-EP
AD8610	6n/rtHz	5fA/rtHz	25MHz	60V/μs	100μV	1	10V～26V	10pA	3.5mA	SOIC, MSOP

表3 スルー・レートが2kV/μs以上の高速なOPアンプのベスト50(2018年6月現在)(その1)

Part#	Slew Rate	Small Signal BW	Input Offset Voltage	Input Bias Current	Input Voltage Noise	Input Current Noise	Amp Per Package	$V_{CC} \sim V_{EE}$	Iq/Amp	Package
AD8009	5.5kV/μs		5mV	150μA	1.9nV/rtHz	46pA/rtHz	1	5V〜12V	14mA	SOIC, SOT-23, CHIPS OR DIE
AD8014	4.6kV/μs		5mV	15μA	3.5nV/rtHz	5pA/rtHz	1	4.5V〜12V	1.15mA	SOIC, SOT-23
AD8000	4.1kV/μs		10mV	45μA	1.6nV/rtHz	26pA/rtHz	1	4.5V〜12V	13.5mA	LFCSP, SOIC-EP
AD8003	3.8kV/μs	1.65GHz	9.3mV	50μA	1.8nV/rtHz	36pA/rtHz	3	4.5V〜10V	9.5mA	LFCSP, CHIPS OR DIE
LT6411	3.3kV/μs	650MHz	10mV	110μA	8nV/rtHz	38pA/rtHz	2	4.5V〜12.6V	16mA	QFN
AD8004	3kV/μs	250MHz	3.5mV	3.3μA	1.5nV/rtHz	1.5pA/rtHz	4	4V〜12V	14mA	SOIC
ADA4857-1	2.8kV/μs	410MHz	4.5mV	3.3μA	4.4nV/rtHz	1.5pA/rtHz	1	4.5V〜10.5V	5mA	LFCSP, SOIC
ADA4857-2	2.8kV/μs	410MHz	4.5mV	3.3μA	4.4nV/rtHz	1.5pA/rtHz	2	4.5V〜10.5V	5mA	LFCSP
ADA4870	2.5kV/μs		10mV	23μA	2.1nV/rtHz	4.2pA/rtHz	1	10V〜40V	32.5mA	PSOP3, CHIPS OR DIE
LT1819	2.5kV/μs	400MHz	1.5mV	8μA	6nV/rtHz	1.2pA/rtHz	2	3.5V〜12.6V	9mA	SOIC, MSOP
LT6554	2.5kV/μs	650MHz	35mV	50μA	20nV/rtHz	3.5pA/rtHz	3	4V〜13.2V	8mA	SSOP
LT6653	2.5kV/μs	650MHz	10mV	50μA	9nV/rtHz	4pA/rtHz	3	4V〜13.2V	8mA	SSOP
LT1818	2.5kV/μs	400MHz	1.5mV	8μA	6nV/rtHz	1.2pA/rtHz	1	3.5V〜12.6V	9mA	SOIC, SOT-23
AD8012	2.25kV/μs		4mV	12μA	2.5nV/rtHz	15pA/rtHz	2	3V〜12V	1.7mA	SOIC, MSOP
LT6555	2.2kV/μs	650MHz	16mV		9nV/rtHz	3.5pA/rtHz	3	4.5V〜12.6V	9mA	SSOP, QFN
LT6275	2.2kV/μs	40MHz	400μV	500nA	10nV/rtHz	500fA/rtHz	2	9V〜32V	1.6mA	MSOP

2-4 製作したAD797超ロー・ノイズOPアンプ回路の特性評価と測定実験をしてみる

表3 スルー・レートが2kV/μs以上の高速なOPアンプのベスト50（2018年6月現在）（その2）

Part#	Slew Rate	Small Signal BW	Input Offset Voltage	Input Bias Current	Input Voltage Noise	Input Current Noise	Amp Per Package	$V_{CC} \sim V_{EE}$	Iq/Amp	Package
LT6557	2.2kV/μs	500MHz	40mV		12nV/rtHz	20pA/rtHz	3	3V〜7.5V	22.5mA	SSOP, DFN
LT6558	2.2kV/μs	550MHz	45mV				3	3V〜7.5V	22.5mA	SSOP, DFN
LT6556	2.1kV/μs	750MHz	67mV		11nV/rtHz	3.5pA/rtHz	3	4.5V〜12.6V	9.5mA	SSOP, QFN
ADA4312-1	2.1kV/μs		1.2mV	175μA			1	12V〜12V		LFCSP
AD844	2kV/μs		150μV	250nA	2nV/rtHz	12pA/rtHz	1	9V〜36V	6.5mA	PDIP, CerDIP, SOIC-Wide, CHIPS OR DIE

121

第3章
アナログ回路のレイアウト・テクニック
プロトタイプ製作やプリント基板で実験しながら検証する

　アナログ信号の増幅回路では，回路のレイアウト…部品配置や配線の引き回し方法によって，所望の性能が引き出せるかどうかが決まります．ここでは，「デッド・バグ方式」という，バラックで製作したプロトタイプ回路での不具合と，プリント基板の不適切なレイアウトによる迷結合の問題について，実例を挙げて解説します．

3-1　低入力容量アンプ回路を実現する OPアンプの選定と試作

　AD8021という高速なOPアンプを使って，入力容量の非常に小さい2チャネルの低入力容量アンプ回路を作ってみました．AD8021はアンプ自体の入力容量がかなり小さく，一方で電源電圧範囲が最大±12 Vととても広い「稀有なアンプ」です．

　おいおい特性は評価するとして，汚いですが，実験した基板や実験のようすを**写真1**～**写真3**に紹介しておきます．**写真3**では，はんだくずが飛び散っていますが，現場らしいなあとご賢察を….

写真1　AD8021を使った低入力容量アンプの全景

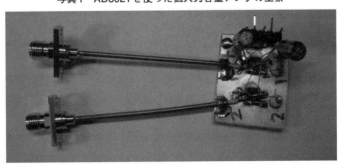

写真2 AD8021を使った低入力容量アンプの基板部

写真3 AD8021を使った低入力容量アンプの実験のようす

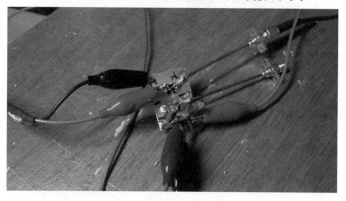

■ 最終的にできあがった回路

　写真1のように，出力はSMAコネクタにセミリジッド・ケーブル（MKTタイセー，片側CON1563BG/片側カット/Φ = 0.063 inch/L = 150 mm）なのですが，入力は**写真3**を見ていただくとわかると思いますが，なんと5 cmくらいの長さのみのむしクリップで信号を与えています．いわゆる「超アンバランス」な設定です．

　本来はこのような測定は行ってはいけませんが，今回は「どんなモノかな？」というとこ

ろの測定なので，こうしています．大体10 MHzを超えるあたりで，この5 cmの配線がインダクタンスとなり，この部分でインピーダンスが暴れることになります．そのため実際に正しく計測したい場合にはご注意ください．

● 使用するOPアンプはAD8021

実験に使うAD8021について，選定理由と特徴を説明します．アナログ・デバイセズのウェブ・サイトの製品ページは下記です．

　　http://www.analog.com/jp/ad8021

最大の特徴は高速/超低入力容量[1 pF (typ)]にもかかわらず，電源電圧範囲が±2.5～±12 Vまでと非常に広いことです．今回の用途では，当初はDC 0 Vを基準として3～5 Vの信号を入れようと思っていたものです．高速だと電源電圧が低いOPアンプが多いなか，AD8021では最大±12 Vと大きく，同相入力電圧範囲も－11.1 V～＋11.6 V@±12 Vと非常に広いものになっています．静止状態電源電流7 mA (max)@±5 Vで，電圧性ノイズ2.1 nV/$\sqrt{Hz}$ (typ)，電流性ノイズ2.1 pA/$\sqrt{Hz}$ (typ)という仕様ももっています．

「良いアンプだ」と思いウキウキしながら盲目的に採用してしまいましたが，これが実際は，バイアス電流量を確認しなかったという基本的ミスにより，DCまでの増幅が実現できませんでした．結果的には，高速回路ということで，交流信号のみでの対応としました．

● アナログ・デバイセズの低入力容量OPアンプと入力容量の考えかた

入力容量の低いOPアンプを「同相モード容量2 pF以下」として，章末の**表1**にリストしてみましたので，ぜひご参照ください．96種類ありました．

なお，実際は同相モードでの容量と，差動モードでの容量がそれぞれ異なってきますので，注意が必要です．**図1**のように，同相モードは2つの入力端子をショートしたときの入力容量なので$2C_C$が見え（C_Dは見かけ上キャンセルされる），差動モードは端子間の容量になる（差動で駆動しているのでC_Cは直列接続になる）ので，$C_D + C_C/2$が見えることになります．

AD8021は差動モード容量については規定されていませんが，同相モード容量が低いことから，「良さそうだ」という推測で採用してみました．

■ 当初の「動くだろう」という目論見の回路

当初の「動く予定」の回路図を**図2**に示します．目論見としては，これでDCから動作する1 pFの低入力容量，かつハイ・インピーダンスの信号検出回路を作ろう，というものでしたが，あいにくバイアス電流により思った通りにいかず…，というところでした．そのようすは本節の後半にて説明したいと思います．高速OPアンプはバイアス電流が多くなっているところが実際です．

図1 差動入力端子の入力容量の考えかた

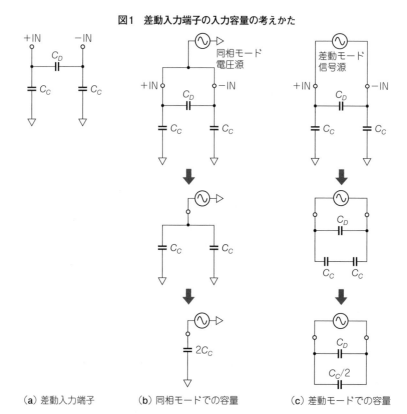

（a）差動入力端子　　（b）同相モードでの容量　　（c）差動モードでの容量

　＋側入力は（当初の「動く予定」としては…）完全にオープンです．つまり，バイアス電流をAD8021に与えるために，DCで入力する（コンデンサでカットできない）構成である必要があります．いや，ありました….

● AD8021は入力容量が低く，入力抵抗も大きい

　このアンプは図3に示したデータシートからの抜粋のように，同相モード入力容量が1 pF（typ）とかなり低いもの（ただし同相モードでの値）で，なおかつ入力抵抗も10 MΩ（この仕様だけを見ていたのが失敗の原因だが…）とかなり良好なものです．なお実際の用途では，先に説明したように差動モード入力容量を調べる必要があります．

　「良いアンプだし，うまくいくだろう」と，ウキウキ甘く楽観的な考えをもって取り組み始めました．

図2 「当初の目論見」のアンプ回路図

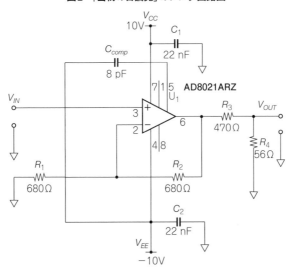

図3 AD8021の入力容量(同相モードの値. データシートから抜粋)

INPUT CHARACTERISTICS				
Input Resistance			10	MΩ
Common-Mode Input Capacitance			1	pF
Input Common-Mode Voltage Range			−4.1 to +4.6	V
Common-Mode Rejection Ratio	$V_{CM} = ±4$ V	−86	−98	dB

■ AD8021の実装のようす

　写真4のように，入力端子側がスタンドで浮かされています．はんだがツララ状(汗)になっていますが…(最初の写真は再度フラックスを付けて修正したもの)．また，ICはパッケージを天地逆にして配置してあります．アメリカではこの実装方法を"Dead Bug"(死んでひっくり返っている虫)と呼ぶようです．

　これは，それぞれ入力容量を低減させる(余計な浮遊容量が付かないようにする)ことが目的です．入力側の白いスタンドは手持ちのもので素性不明なのですが，テフロンでできているような感じです．

　いずれにしても，電極から，スタンドがねじ込まれたプリント基板パターンの間で，電極間距離を確保して，容量を低減させるようにしてあります．また，ワイヤはポリウレタン電線ですが，短めなので数nHのインダクタンスしかありません(1 mm = 1 nH程度なので)．

● AD8021の入力容量を時定数として測定してみる

　図4は，このテフロンらしい端子に，10 kΩを入力信号との間に接続して時定数を測定することにより，入力容量を推定してみたものです．63 %で20 nsですから，$\tau = CR$から入力容量は浮遊容量こみこみで2 pFと推測できます．これは仕様どおりと言えるでしょう．

● 50 Ω系に接続するためのアンプの出力回路

　出力回路について説明しておきます．改めて図2を見てください．オシロスコープ（50 Ω入力）に直結して10：1でプロービングできるようにするために，9：1の抵抗値の電圧ディバイダになっています．また，出力から回路側を見た合成抵抗（回路の出力抵抗）はオシロスコープや同軸ケーブル（計測系）のインピーダンスに適合した50 Ωに近くなっています．

■ 無垢の基板と周辺部品のレイアウト

　バラックの実装で，どれだけハイ・スピードの性能が出るか？…というところですが，写真4で周辺部品のレイアウトについて紹介します．

　グラウンド・プレーンとして，無垢のプリント基板を使っています．こうすれば一番低いインピーダンスが実現できます．高周波回路でも同じイメージでパターンを形成できます．

　AD8021のマイナス端子（ピン2）からグラウンドに接続される680 Ω，マイナス電源（ピン4）のデカップリング・コンデンサ22 nF（0.022 μF）はICから直下に落とします．部品は1608のチップ部品です．

写真4　Dead Bugで実装されたAD8021

ピン4－ピン5を接続する補償用コンデンサC_{comp}はICの底面（ここではDead Bugなので腹の上）から直接接続します．

出力（ピン6）も470 Ωを端子から直接引き出し，パターン上に56 Ωを立てたところに接続します．出力のセミリジッド・ケーブルがここに接続されます．こうすれば余計な浮遊容量，インダクタンスをなくすことができます．

高周波的に影響を与えづらいところについては，ポリウレタン電線を長めにして配線しています．これが後方に見える10 μFの電源コンデンサ（図2の回路図には示していない）の部分です．

■ 大振幅時の周波数応答特性

図5は，このアンプ回路への入力として0 dBm（回路入力が開放端になるので0.45 V_{RMS}）の信号を「例のみのむしクリップ」から与えたときの周波数特性です．入力信号レベルが大きいので大振幅応答になっています．マーカはデルタ・マーカにしてあり，低域から－3 dBの周波数を指しています．35.6 MHzです．

AD8021のデータシートのFig.11がこれに相当しますが（図6に示す），ぼちぼち近い特性が出ています（実測での特性が暴れる原因はみのむしクリップによるところが大きい）．

■ 実際の利得と小信号周波数特性

利得計算の説明をしておきます．アンプが2倍（6 dB），出力がディバイダで1/10（－20

図4 10 kΩを接続してAD8021入力容量を時定数として測定．
τ＝20 nsで2 pFと推測される

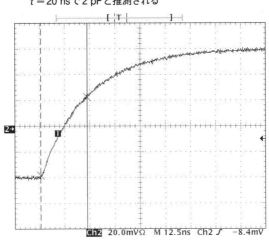

図5 0.45V$_{RMS}$の信号を入力したときのAD8021の大振幅応答のようす

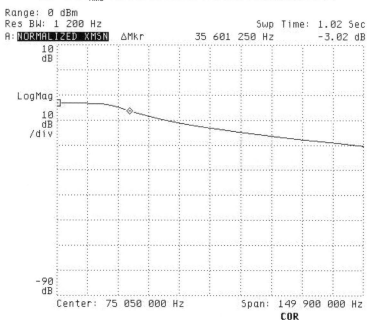

図6 AD8021の大振幅応答特性（データシートのFig.11から抜粋）

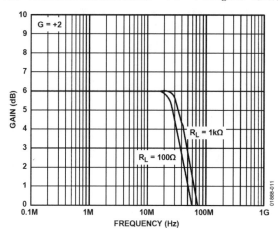

Figure 11. Large Signal Frequency Response vs. Frequency and Load, Noninverting (See Figure 49)

図7 4.5 mV$_{RMS}$の信号を入力したときのAD8021の小信号応答のようす（150 MHzまで）

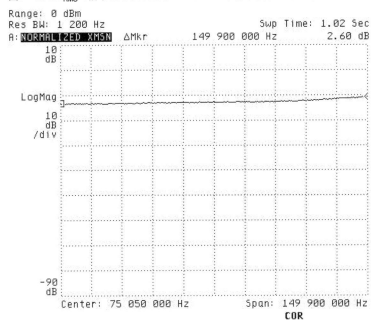

dB），さらにディバイダの出力抵抗ぶん（50 Ω）と計測器の入力抵抗（50 Ω）で分圧され1/2（－6 dB）になります．また，アンプの入力はインピーダンスが高いので，開放端入力になり＋6 dB，合計で－14 dBが総合利得（ロス）になります．

● **小信号の周波数特性**

次に，入力レベルを－40 dBmにしたときの測定結果とデータシートとの比較を行ってみます．

図7は，今までこの測定で使ったネットワーク・アナライザで測定したものです．最大周波数が（実は）150 MHzまでで，これから上が測定できません．

そこで図8のように，（会社のラボで実施したものではなかったので，高い周波数のネットワーク・アナライザやトラッキング・ジェネレータがないため）SSGでステップ周波数を発生させ，より高い周波数を計測できるスペクトラム・アナライザのマックス・ホールドで観測してみたものを示します．実験室にネットワーク・アナライザがない場合には，このようなかたちで簡便な測定ができることを覚えておくとよいでしょう．

図9はデータシートのFig.14の小信号応答です．図8の結果を見てみると，200 MHz弱

図8 簡易的に周波数特性を測定するためSSGとスペアナのマックス・ホールドで観測してみる（本来はネットワーク・アナライザで測定すべき）

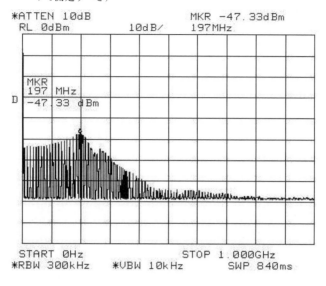

図9 AD8021の小信号応答特性（データシートのFig.14から抜粋）

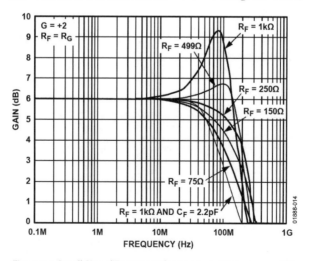

Figure 14. Small Signal Frequency Response vs. Frequency and R_F, Noninverting, V_{OUT} = 50 mV p-p (See Figure 48)

で大きく暴れていることがわかります．これは完全に「みのむし」の影響でしょう．逆に言うと，このAD8021の回路は図9の周波数程度まで増幅できる能力がありそうだ，と見ることもできます．

● 周波数特性の暴れを推測

「図8が200 MHz弱で大きく暴れていることがわかります」という，この原因をすこし推測してみます．

入力容量は2 pFということがわかりました（なお，これは入力信号電位で容量変化しないと想定して考えている）．最初の**写真3**のように，入力は「みのむしクリップ」です．長さは50 mmくらいでしょう．概略として，1 mmは1 nHのインダクタンスになりますから，この長さは50 nH程度になると考えられます．これと入力容量の共振周波数は，

$$f = \frac{1}{\sqrt{2\pi LC}} \fallingdotseq 500 \text{ MHz}$$

と計算できます．インダクタンスをもう少し大きく見積もると，さらに周波数も低くなります．共振したあたりでこの暴れが生じているのだろう，と推測もできるわけです．

図10[(6), (7)] ワイヤと平面パターンのインダクタンスを計算する計算式

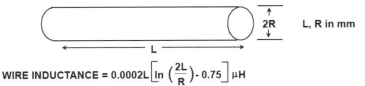

WIRE INDUCTANCE = $0.0002L \left[\ln\left(\frac{2L}{R}\right) - 0.75 \right]$ μH

EXAMPLE: 1cm of 0.5mm o.d. wire has an inductance of 7.26nH
(2R = 0.5mm, L = 1cm)

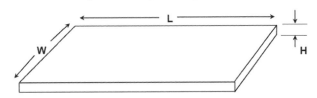

STRIP INDUCTANCE = $0.0002L \left[\ln\left(\frac{2L}{W+H}\right) + 0.2235 \left(\frac{W+H}{L}\right) + 0.5 \right]$ μH

EXAMPLE: 1cm of 0.25 mm PC track has an inductance of 9.59 nH
(H = 0.038mm, W = 0.25mm, L = 1cm)

図10のような資料がありました．ワイヤと平面パターンでのインダクタンスを計算する計算式です．参考になれば幸いです．

● 本来はきちんと入力を終端すべきだが

本来であれば，ここからのアプローチとしては，入力をきちんとインピーダンス・コントロールした形で信号を与えなおすべきですが，この回路は「高い入力インピーダンスを維持する回路」ということで，目的が異なっているため，それは行いません．それでも，大体数10 MHzくらいまではハイ・インピーダンス入力で動作しそうだ，というところまでは来れたわけです．

と，ここまではよかったのですが….

■ このアンプの目的は水晶発振回路の測定だった

写真1のように，このAD8021で作ったアンプは2チャネルありました．理由は，この回路で図11のような10 MHzの水晶発振回路の入力と出力のようすをオシロスコープで確認したかったからです．

発振回路は動作インピーダンスが高く，また容量変化の影響を受けやすいものです．そのため，オシロスコープのパッシブ・プローブをそのまま当てるとプローブの入力容量が影響し，発振波形が変化してしまいます．

そこで，このAD8021を用いた低入力容量アンプで測定してみるという目論見でした．

● まったく動かない！（汗）

このアンプができあがったところで，ウキウキしながら，10 MHzの発振回路に接続してみました．どんな波形が出るだろうか？…と．出力は1/10で50 Ωですから，オシロスコープの入力を50 Ωのモードに変更し，直接SMA－BNCケーブルでアンプとつないでみます….すると，…発振が停止してしまうではありませんか！

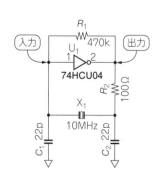

図11
低入力容量アンプで測定したかった10 MHzの水晶発振回路

図12 AD8021の入力バイアス電流(データシートからの抜粋)

DC PERFORMANCE				
Input Offset Voltage		0.4	1.0	mV
Input Offset Voltage Drift	T_{MIN} to T_{MAX}	0.5		µV/°C
Input Bias Current	+Input or –input	7.5	10.5	µA
Input Bias Current Drift		10		nA/°C
Input Offset Current		0.1	0.5	±µA
Open-Loop Gain		82	86	dB

　アンプの入力容量が大きすぎて発振が停止してしまったのでしょうか？「そんなはずはないのだが…」と思いつつ，またがっくりしつつ，動作確認をしてみました．
　図11の回路図のU_1の出力（ピン2）に接続しただけなら発振は停止しません．U_1の入力（ピン1）に接続してみると発振が停止してしまいます．悔しいことにオシロスコープのプローブをこの回路に接続してもちゃんと発振は継続したままです．U_1の入力にプローブを接続した状態で出力の波形を見ると，発振波形は変わっていますが．
　「あ！」っと思いました．そうなのです．OPアンプのバイアス電流が原因なのでした．図12のようにAD8021は高速OPアンプゆえ，バイアス電流が大きく7.5 µA（typ）もあります！いや…ありました．先の図11の回路図を見てわかるように，発振のバイアス抵抗が470 kΩですから，これではこの抵抗にバイアス電流が流れて，74HCU04の入力バイアス電圧のレベルが大きく崩れてしまっていたわけです．
　考えてみれば「当然」な話です．さて，どう対策しましょうか！

■ バイアス電流の問題の対策をどうするか

　さて，そのAD8021ですが，バイアス電流が大きくて，まともに発振回路の波形をバッファできないと示しました．これはどうしたものでしょう．単純に大きめの容量のコンデンサでDCカットする方法も考えられますが，ここでは少しひねった方法で処理してみたので，それを示したいと思います．ここまでの話の基本は，
（1）バイアス電流が7.5 µA（typ）もある
（2）入力抵抗（微分抵抗）は十分に高い
（3）入力容量は2 pF程度である
というところです．DCカットが必要であることから，写真5のように「入力に3 pFのトリマを直列に挿入してみよう」というのがここでのアイディアです．この回路図を図13に示します．AD8021の入力端子のバイアスとして，100 kΩをグラウンドに対して接続してあります．
　3 pFのトリマを回転させて，入力容量の2 pFと合わせて1/2の分圧としてみる，というものです．

第3章 アナログ回路のレイアウト・テクニック

写真5 入力に3 pFのトリマを直列に挿入して約2 pFの直列容量としてみる（100 kΩのバイアス抵抗も接続している）

図13 入力に3 pFのトリマを直列に挿入した回路図（100 kΩのバイアス抵抗も接続している）

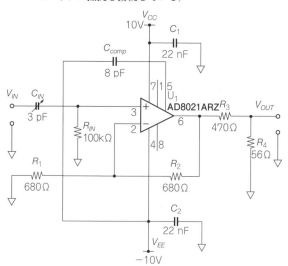

3-1 低入力容量アンプ回路を実現するOPアンプの選定と試作

● 3 pFのトリマを追加することの意義

SSGからの10 MHzの信号を測定しながら，入力に直列に3 pFのトリマ・コンデンサを調整して，振幅が規定の1/2になるレベルにします(10 MHzの発振信号を測定することが目的だったので).

そうすると，この2 pF - 2 pFで1/2 (- 6 dB)に分圧され，また無事にDCカットができることになります．またこうすることで，この回路自体の入力容量を1 pFにまで低くできるわけです．

● 3 pFのトリマを追加したときの特性がどうなるか

この3 pFのトリマを追加して調整することで，入力回路に直列に2 pFが挿入されたものとして，入力回路がどのようにふるまうか，シミュレーションで確認してみたいと思います．

周波数特性をNI Multisim(注1)でシミュレーションしてみました．**図14**はシミュレーションの回路図，**図15**はACシミュレーションの結果です．測定対象の信号周波数の10 MHz付近では，振幅，位相ともども問題ない特性になっていることがわかります．

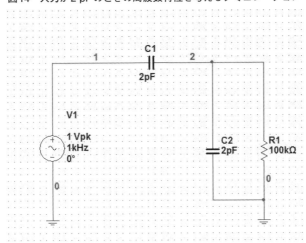

図14 入力が2 pFのときの周波数特性を考えるシミュレーション

注1：執筆当時はNational Instruments社のNI Multisimをベースにしたものがアナログ・デバイセズの製品評価用SPICEシミュレータだった．以降，SIMetrixをベースにしたADIsimPEを経てLTspiceに至っている．SPICEシミュレーションとしての基本的な考えかたはシミュレータに依存せず，すべて同じとなる．

図15 図14の回路をNI Multisimでシミュレーション（上：振幅特性，下：位相特性）

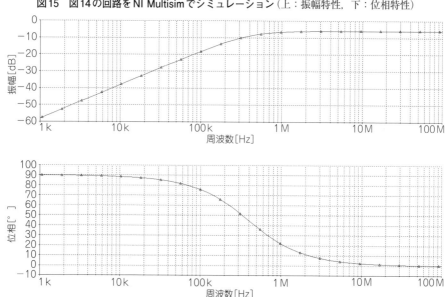

● 2 pF（3 pFのトリマ）で分圧した実際の回路の周波数特性

図16にネットワーク・アナライザを使用しログスイープ・モードに変更して，図13の回路の周波数特性を測定してみた結果を示します．ここでの測定では，入力はみのむしクリップにせず，きちんと50 Ωの同軸ケーブルをはんだ付けして行いました．小振号では，100 MHz程度の帯域まで動作可能なことがわかります．高域は接続方法を変えたことでピーキングが減少したためか，若干落ちています．

図17は同じく大振幅（0 dBm入力）での測定結果です．

■ 最後にすこし補足

最後に2点ほど補足しておきます．

● 直列の2 pFによる位相変動はどうなる？

入力に（トリマ・コンデンサの）2 pFという容量が直列に付いているわけですが，「これで位相はどうなるの？」という疑問があろうかと思います．しかし，先の図15で示した位相特性のように，1 MHzを越えたあたりから位相がゼロになってきています．これは，入力容量の2 pFとこのトリマの2 pFがバランスがとれて，それで分圧回路となって，このよ

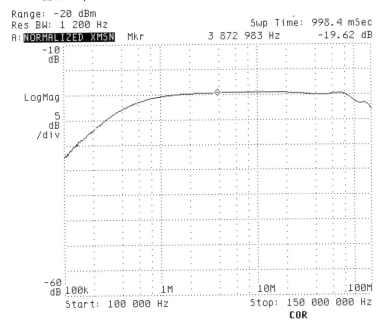

図16 2 pF で分圧した回路の周波数特性（入力 −40 dBm，小信号）

うな結果になっているわけです．面白いものですね．

● バイアス抵抗は実験により 100 kΩ とした

バイアス抵抗を 100 kΩ としましたが，AD8021 の 7.5 μA (typ) のバイアス電流であれば，0.75 V 程度の電圧降下になって，もう少し抵抗値を大きくしておいても，それほど問題は生じないはずでした．

しかし，270 kΩ を付けて入力を開放した状態で電源を投入すると，電源投入の過渡動作で出力が飽和して立ち上がってしまう場合，どうも出力飽和状態でバイアス電流が増加するようで，開放状態にしたままだと出力が張り付いたままでした．そのためここでは，少し低めの 100 kΩ としてみました．

まとめ

やはり高速回路で低インピーダンスでの動作を基本として考えられているアンプは，このような特殊な使いかたではいろいろ面白い「じゃじゃ馬的要素」が出てくるようで，たしなめる技術も重要というところでしょうか．特に注意すべき点として，「高速 OP アンプはバ

図17 2 pFで分圧した回路の周波数特性（入力0 dBm，大振幅）

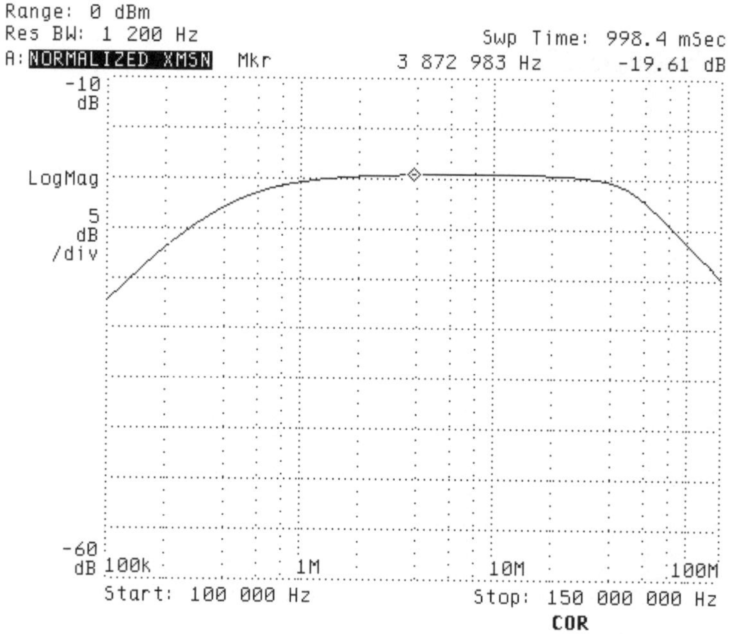

イアス電流が大きめ」ということは頭に入れておくべきことと思います．

3-2 低周波アナログ回路の想定どおりでない不思議な動きの原因を突き止める

　設計／評価が完了した時点では，本人としては「これでよし」として量産化するものです（といっても，この節で説明するものは，量産なんて大げさなものではなかったが）．しかし往々にしてありがちなことが，「だいぶ時間が経ってから問題が見つかる」ということではないでしょうか．

　この節では，私が作ったアナログ回路プリント基板，それはLNA (Low Noise Amp) にAD8092，VGA (Variable Gain Amp) にAD603を用いたものでしたが，そこで発生した「不具合」，それも作ってから何年か経過したあとに露呈した話と，それをどのようにトラブルシュートして修正を施したかという話題を提供したいと思います．

3-2 低周波アナログ回路の想定どおりでない不思議な動きの原因を突き止める

■ 使用したIC

このプリント基板で使用したICをそれぞれ紹介します．以下の「概要」はアナログ・デバイセズのウェブ・サイトの製品ページに掲載されている説明文です．

● AD8092

http://www.analog.com/jp/ad8092

> 【概要】
> AD8091（シングル）とAD8092（デュアル）は，低価格，電圧帰還の高速アンプであり，+3V，+5V，±5Vの電源で動作するように設計されています．これらのデバイスは，負側レールの下側200mVまで，かつ正側レールの内側1Vまでの入力電圧範囲をもつ真の単電源動作機能を備えています．
>
> 低価格にもかかわらず，AD8091/AD8092は全体にわたって優れた性能と多様性を提供します．出力電圧の振幅はそれぞれのレールの25mV以内と拡張されており，優れたオーバ・ドライブ回復特性を備え，最大出力ダイナミック・レンジを提供します．
> （中略）
>
> 広帯域幅で高速スルー・レートが備わっているため，これらのアンプは，最大±6Vの両電源や+3V〜+12Vの単電源を必要とする，多くの汎用，高速アプリケーションにも適しています．

● AD603

http://www.analog.com/jp/ad603

> 【概要】
> AD603は，RFおよびIFのAGCシステム用のロー・ノイズ電圧制御アンプです．ピン選択可能な高精度のゲインを提供し，90MHzの帯域幅で−11〜+31dB，または9MHzの帯域幅で+9〜+51dBです．外付け抵抗を1つ使用すれば，あらゆる中間ゲイン・レンジが得られます．入力換算ノイズ密度は1.3nV/$\sqrt{Hz}$で，消費電力は推奨電圧±5Vにおいて125mWです．
>
> デシベルのゲインは「dB単位でリニア」で，正確に校正され，温度と電源に対して安定しています．ゲインは高インピーダンス（50MΩ），低バイアス（200nA）の差動入力で制御されます．このとき，スケーリングは25mV/dBで，1Vのゲイン制御電圧で制御できるゲイン・レンジは40dBに及びます．いずれのレンジを選択しても，1dBのオーバ・レンジとアンダ・レンジが設けられています．ゲイン制御応答は，40dBの変化に対して1μs未満です．（後略）

● AD603の入力換算ノイズ密度はとても低い

AD603の1.3nV/$\sqrt{Hz}$の入力換算ノイズ密度はかなり低いです…．超ロー・ノイズとい

われているOPアンプAD797でも0.9 nV/$\sqrt{Hz}$ですから，それからプラス3 dB程度しか悪化していません！

AD603の入力端子から見た入力抵抗は100 Ωなので，ハイ・インピーダンスの信号源を接続するには適切ではありませんが(減衰してしまうし，結果的にNFが低下する)，その場合は，前段にOPアンプを使ってプリアンプを構成すると，最適なシステムが実現できそうです．AD603のブロック図を図18に示します．

● AD603はdBで直線な連続可変減衰量が実現されている

AD603のアッテネータ・ブロックは7段構成の$R-2R$ラダー抵抗で構成されています．それによりラダーの1タップあたりで6.021 dBの減衰が確保され，合計で-42.14 dBの「ステップ可変」減衰量が得られます．この「ステップ」の間は，アナログ・デバイセズの特許取得技術により，アナログで内挿され，dBで直線となる「連続可変」減衰量を得ることができます．

また，ブロック図からわかるように，ポスト・アンプは非反転構成となっており，VOUT端子とFDBK端子をショートすれば，トータル・ゲインを元々の+9 dB～+51 dBから，-1 dB～+41 dBに変更することができます．お気づきのように，この端子間に適切な抵抗を挿入すれば，この2種類のゲイン設定の間となるゲイン可変範囲を実現できます(OPアンプのGB積により，ゲインを変えることで動作-3 dB周波数がそれぞれ変化する)．

図18 Variable Gain Amp AD603のブロック図

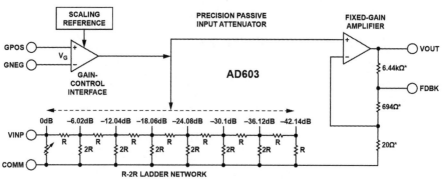

■ アナログ回路プリント基板の回路構成

　この基板は，だいぶ前に作ったものなのですが，とある日，知人がやって来て，この基板を使って遊んでいきました．図19の回路図をご覧ください．AD8092をLNAにして(LNAのクセになぜか謎のR_{81}が入っている…．またAD8092自体もLNAとして適切なのか？…という疑問も出てくる．詳細は後述する)，AD603をVGAとして可変ゲインを実現するというものです．

● LNA前段の謎の抵抗R_{81}

　J_1端子に入力された信号がR_{80}で50 Ωに整合終端され，LNAであるAD8092に加えられ，30 dBのゲインで増幅されます．"LNA"とは「低ノイズなアンプ」という意味ですが，ここでは「謎の直列抵抗」11 kΩがR_{81}として接続されており，この抵抗で発生するサーマル・ノイズ，OPアンプの電圧性ノイズ，そしてOPアンプの電流性ノイズがR_{81}で電圧量に変換されたもの，これらが入力信号に加わりノイズ・レベルが上昇します．つまり「低ノイズなアンプ」というLNAの役目を果たしていません…．

　といっても，これは意図的にノイズ・レベルを上昇させるために接続しているもので，「ノイズに塗れた信号を観測してみましょう」という，これまた「謎の理由」により接続されているものです(笑)．

　このR_{81}の追加で，全体のノイズ・レベルがどれほどになるかを見積もってみましょう．
　まず，AD8092単体の電圧性ノイズはV_N = 16 nV/$\sqrt{\text{Hz}}$(@ ± 5 V電源)です．この節の最初に，「AD603の入力換算ノイズ密度はかなり低く1.3 nV/$\sqrt{\text{Hz}}$」，「超ロー・ノイズといわれているOPアンプAD797は0.9 nV/$\sqrt{\text{Hz}}$」と説明しました．AD8092は電圧性ノイズがAD797に比較して25 dBも高いものです．このように高いノイズ・レベルである理由は，バッファやビデオ・アンプ用として，低電圧でもスルー・レートが高い(入力バイアス電流も1.4 μA @ ± 5 V電源と大きい)ことなど，単電源用途でも性能が出るように構成されているからだと考えられます．

　次に，R_{81}の11 kΩで発生するサーマル・ノイズを計算してみます．サーマル・ノイズの式

$$V_{RN} = \sqrt{4kTBR}$$

を用います．ここで，kはボルツマン定数，Tは絶対温度，Bは帯域幅で単位はHzですが，ここではノイズ密度で考えますので，$B = 1$とします．Rは抵抗の大きさです．

　この式を用いて1 Hzあたりのノイズ密度を計算すると，V_{RN} = 13.5 nV/$\sqrt{\text{Hz}}$となります．
　回路で発生するノイズはこれだけではありません．OPアンプの電流性ノイズもあります．これはデータシートによると，I_N = 900 fA/$\sqrt{\text{Hz}}$(@ ± 5 V電源)となり，これがR_{81}に流れることで電圧降下によりノイズ電圧が発生し，この量は11 kΩ × 900 fAからV_{IN} = 9.9

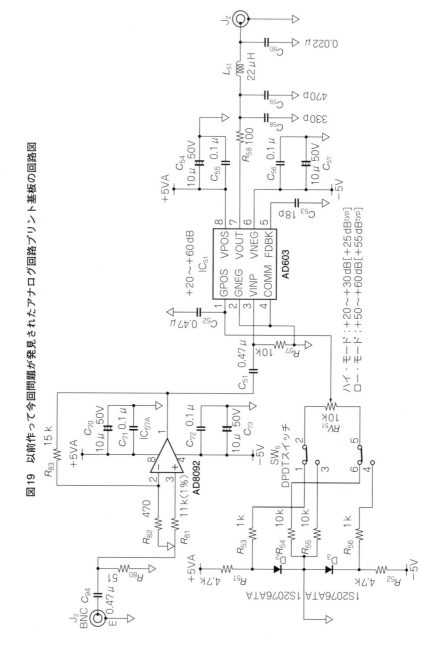

図19 以前作って今回問題が発見されたアナログ回路プリント基板の回路図

nV/$\sqrt{Hz}$ と計算できます．なお，R_{82}とR_{83}でも同じようにI_Nによる電圧降下でノイズ電圧が発生しますが，並列合成抵抗が456 Ωになるため無視できる大きさです（といっても一応計算してみると，456 Ω × 900 fA より V_{IN} = 0.41 nV/$\sqrt{Hz}$ になります）．

これらから合計をRoot Sum Squareで計算すると，$16^2 + 13.5^2 + 9.9^2$から23.2 nV/$\sqrt{Hz}$ になります．ということで「意識的にLNAにならないLNAを構成している」ことになります．

次段のAD603で構成されるVGAは，**図19**のSW$_5$をハイ・ゲイン側に倒せば，AD603のGPOS，つまりゲイン設定端子に＋0.3 V～＋0.7 Vが加わり，最大ゲインのあたりで幅10 dBくらい可変できるという回路です．SW$_5$をロー・ゲイン側に倒せば，GPOSに－0.3 V～－0.7 Vくらいが加わり，最小ゲインのあたりで幅10 dBくらい可変できます．

■ 来訪した知人が問題点を見つける

このアナログ回路プリント基板のJ$_1$端子に加える入力信号は，キャリア周波数が625 kHzというものです．スペクトラム・アナライザ（以降「スペアナ」）をAD603出力に接続し，その周波数の周辺だけを観測しながらボリュームのRV_{51}を回転させると…「あれ？ ボリュームを回してゲインを上げていくと，実際の出力ゲインが下がるよ？」「え！（汗）」「ちょっと待ってね…」

「マルチメータで測ってみると，AD603のGPOS入力電圧はちゃんとスムーズに変わっているねえ…．その電圧範囲をデータシートで確認してみると，たしかに10 dBくらいの変化量だねえ」と彼．つづけて「スペアナで見てみると，6～7 dBくらいまではゲインが上昇するんだけど，それ以上にボリュームを回転させると，ゲインが5 dBくらいまで下がっていくんだよねえ…」

「動作周波数も低いしねえ…．何が原因なんだろう？」

この基板自体はだいぶ前に作ったものなのですが，実動作としてはそのレンジのところは使わなかったので，これまで気が付かなかった（問題とはならなかった）のでした．

さて，何が悪かったのでしょうか？

● なぜこうなるのか原因がわからない

AD603のデータシートのGPOS入力電圧-ゲインのグラフ（**図20**）を見ていました．「おかしいなあ，どうみても下がるようには見えないなあ，当然だよなあ…」．あらためて電卓で，R_{53}～R_{56}とRV_{51}の抵抗分割で形成されるGPOSのゲイン制御電圧を計算してみても0.3 V～0.7 V程度で，マルチメータで測ったとおり，なおかつ**図20**での目論見レンジのとおりです．

初段のアンプAD8092で30 dB，AD603を最大ゲインにしたときに約30 dBになり，全体で約60 dBという増幅率になるはずです．

AD603を交換しても症状は変わりません（とほほ）．

図20 AD603のゲイン制御電圧と実ゲイン

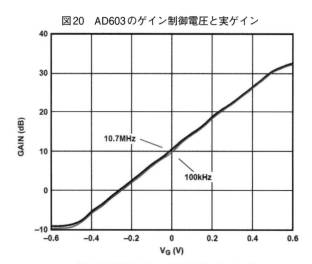

Figure 4. Gain vs. V_G at 100 kHz and 10.7 MHz

「周波数低いしなあ…，こんなことは変だなあ」と二人で基板を眺めていました．

「ゲインが上昇し，出力が飽和したことが原因でないか？」という意見もありましたが，入力レベルが一定であるため，もし飽和したのであれば，ゲインを上げていっても出力で得られるレベルが低下していくことはありません．それも原因ではありませんでした．

● 予想から仮説をたてる

そういえば…と，過去によくぶち当たった経験が思い出されてきました．その具体的情景は割愛しますが（汗），「そうだ，これは異常発振しているのではないか？」と私．「でも625 kHzっていう低い周波数だし，AD603自体もそんなに高周波対応のICではないし…」と彼．

私の「異常発振によって信号のレベルが低下する」という予想は，以下の根拠によるものでした．

(1) どこかで「入出力間が迷結合」していて，ゲインを上げていくと，あるところで異常発振が始まり，さらにゲインを上げていくと異常発振の強度が強まってくる
(2) 異常発振の強度が強まってきて，これが回路のリニアな動作範囲を越えて，飽和してきたことを考えてみる
(3) そうすると，この異常発振が回路動作の支配的な大振幅となり，希望信号（この状態では異常発振の振幅よりも小さい）が，本来増幅されるべきものが，異常発振波形の飽

和により抑圧され，相対的に増幅率が低下する．

　この「迷結合」とは，寄生容量や寄生インダクタンスにより，プリント基板上の想定外のところで想定外の経路（結合）ができていることをいいます．ともあれ，これらの予想から「どこかで迷結合ができていて，VGA AD603のゲインを上げれば，異常発振のレベルが大きくなり，より深い飽和となってきて，その結果として本来の信号の増幅率が低下してくる」という仮説を立てることができます．この仮説は正しいのでしょうか．

■ 仮説を検証するため実験してみる

　「それでは」ということで，これまでスペアナでの観測では，AD603出力で625 kHzの信号周波数付近しか，狭いスパンでしか見ていなかったものを，スペアナの周波数掃引レンジを0 MHz～8 MHzくらいにして，またRV_{51}のボリュームはゲイン最大の設定にして測定してみました．AD603出力に接続するプローブは，回路動作にあまり影響を与えないように，50 Ωの同軸ケーブルに470 Ωを直列に接続し，10：1のZ_0プローブを構成して測定しました．

● 高いゲインで異常発振が観測された

　図21のように，4.8 MHzあたりでなんだか変なスペクトル（異常発振）が見えました．．．．ゲイン設定のボリュームRV_{51}をゲインが低下する方向に廻すとスペクトルが消えました．
　「これかぁ…」
　「でも4.8 MHzだなんて，低い周波数だよねえ，どんな経路で結合しているんだろう」と，今度は二人でプリント基板を眺めて，しばし沈黙が続きました．
　少なくともここで申し上げたいことは，「このような異常発振現象が実際に生じる」ということです．またこれは，OPアンプの帰還ループでの位相余裕不足による異常発振とは異なるものです．このことは，読者の皆様の今後のデバッグ時の「ひきだし」として，ご記憶いただければと思うところです．
　しかし4.8 MHzとは「とほほ」です．「こんな低い周波数でも異常発振するのねえ…」と彼はいいます．「同感だよねえ．とほほだよ」と私．

● あらためて切り分けしてみる

　プリント基板上で入出力が結合しているのか，それとも測定用のケーブル接続がおかしいのか，最初に確認してみました．
　同軸ケーブルの接続もいい加減で，また同軸ケーブルの先端はみのむしクリップになっていたので，プローブ接続による電磁結合ループはかなり大きくなっていました．「コイツが原因だったらラッキーなんだが…」と，みのむしクリップのグラウンド側の接続をいろいろ

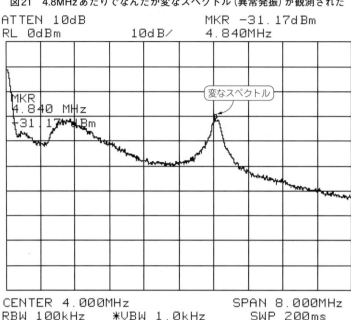

図21 4.8MHzあたりでなんだか変なスペクトル（異常発振）が観測された

変えてみましたが，あまり変化はありませんでした．

　数10 MHzから数100 MHzを越える周波数レンジに詳しい方，取り扱った経験のある方は知っていると思いますが，「魔法の指」というものがあります．「魔法の指」とは，プリント基板のパターンを指でなぞってみるというものです．指をパターンに近づけると容量変化や抵抗損の変化（もしくは指により形成される他のパターンとの迷結合）により，パターン上の電圧や流れる電流量が少し変化し，それにより異常発振が停止する（もしくは迷結合により変化する），それにより問題点がどこにあるかを探り出す，という技です．

　この「魔法の指」でパターンをなぞってみても変化なし．「4.8 MHzだもの，当然だよねえ」というところでした．

　「出力あたりかねえ？」ということで，図19のAD603出力のR_{58}とその後段のLPFの部品を外しても変化なし．どうやらAD603から（謎のLNAの）AD8092の入力側に「迷結合」により直接戻っているような感じです．

　AD8092とAD603の段間の結合コンデンサC_{51}を切ると発振は止まります．AD8092のフィードバック抵抗R_{83}をピンセットでショートしても（ゲインを低下させると）発振は止ま

ります．入力をグラウンドにショートしても止まります．
　これらから異常発振の原因は，LNA AD8092 と VGA AD603 の連鎖（ループ）だろうということがわかりました．

■ これはプリント基板のパターン・レイアウトが怪しい！

　しかし，図19の回路図上では回路的な帰還経路はありません．この迷結合はプリント基板が原因だろうと，「パターンが怪しい」とばかりに，P板.comで作ったプリント基板のCADデータのVIEWファイルをハード・ディスクの中から見つけ出し，想定外の迷結合ができていそうな経路を追いかけてみました．

● 「いわくつき」な基板だからこそトラブルが生じていた

　このプリント基板は「いわくつき」というのも変ですが，ある個人事業者にアートワーク設計をしてもらったもので，その設計品質があまりにもひどかった（さらに指示が全然通じない…）ので，それまでの設計データを引き上げてP板.comさんに転注して，以降の仕上げを行ってもらったものです．

　図22のようにCADLUS Viewerを使って，関係しそうなパターン（ネット）をひとつずつハイライトさせてみました．VGA AD603（IC_{51}）の6ピンやLNA AD8092（IC_{57A}）の4ピンであるマイナス5V電源あたりに，どうも怪しいにおいがします．

　図22ではそのマイナス5V電源ネットをハイライト表示にしていますが，VGA AD603（IC_{51}）の出力が7番ピンで，ここと隣の6ピン，つまりマイナス5V電源が結合し，それが謎のLNA AD8092（IC_{57A}）の4ピンへの「迷結合の帰還経路」となり，連鎖（ループ）ができてしまっているようです．しかし，謎のLNA AD8092（IC_{57A}）側はどうなっているのでしょうか．

● 回路自体が間違っているのではないか？

　「いやいや，基板ではなくて，回路自体が間違っていないか？」という意見もありました．
　ひとつは「AD8092（IC_{57A}）と AD603（IC_{51}）の段間の結合コンデンサ C_{51} を小さくしたらどうか」というコメントでした．ここはAC結合のコンデンサですが，この容量を小さくすると，迷結合によりできた連鎖（ループ）のゲインを低下させることができ，異常発振の対策にはなります．しかし異常発振している周波数が4.8 MHz，希望波の周波数が625 kHzということで，希望波のゲインも低下してしまうので，そういう対策は（私もちらりと頭にかすめましたが）できないのでありました．

　もうひとつ「なぜAD603（IC_{51}）の5番ピン FDBK に 18 pF のコンデンサ C_{53} が付いているのか？」というコメントもありました．回路図を再確認し，そしてAD603のデータシートをよく見てみると，C_{53} は +9 dB ～ +51 dB のゲイン状態で高域ゲインをアップさせるため

図22 AD8092（IC$_{57A}$）からAD603（IC$_{51}$）への経路と並走するマイナス5V電源ラインをハイライトしてみた

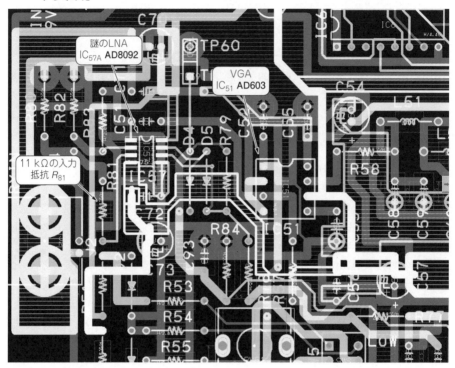

に必要なもので，なぜこのC_{53}を最初の設計時に付けていたのかよくわからないのでした（汗）．C_{53}を取り去ってみましたが，異常発振のようすはほとんど変わりませんでした．

● 謎のLNA入力のパターンがマイナス電源のパターンに並走していた！

ここまで「発振の原因」に関する物理的な確認としてわかったことは，
（1）AD8092（IC$_{57A}$）のフィードバック抵抗R_{83}をショートしてゲインを下げる
（2）AD8092の入力をグラウンドにショートする
と異常発振が止まるということでした．

CADLUS Viewerで図22のパターンをよく見てみると，この節の最初にお話しした，謎のLNAを作るためにAD8092（IC$_{57A}$）の入力に直列に挿入した，R_{81} 11 kΩのAD8092側のパターンが長く，かつ図22でハイライト表示しているマイナス5V電源ラインに近づいていることが気になりました！

写真6 「いわくつき」のパターン・レイアウト．入力（J_1端子）がR_{81}の左側（謎のLNA AD8092の3ピン）側にレイアウトされ，R_{81}を経由して右側につながり，マイナス5V電源ラインに並走して長いパターンになっており，それが3ピンに接続されている．この写真ではその長い経路をスキップして，抵抗の足でR_{81}の左側と3ピンをジャンパしてある

このようすを写真撮影したものを**写真6**に示します．ここでは（以降に説明するように）直列抵抗のR_{81}は取り外して，入力（J_1端子）のスルー・ホールから直結（抵抗の足でジャンパ）した状態にしてあるものです．

写真6の右下の抵抗のシルクがR_{81}の部分です．入力（J_1端子）からの接続が図中の抵抗R_{81}の左側になっています．それがR_{81}を経由して図中の右側につながり，そこから長いパターンを経由して，謎のLNAであるAD8092（IC_{57A}）の3ピンに入力されるという構成でした．

他人に責任をなすりつけてはいけませんが（笑），「いわくつき」な基板であったこと，また使用する抵抗類は，とある理由により1/4 Wのリード付きのもので，使用している表面実装のICやプリント基板のパターンと比較しても大きく長めになる制限があったのでした…．そして検図も不十分（汗）…．

■ だんだんトラブルの原因が特定できてきた

図19のように，謎のLNA AD8092（IC_{57A}）の3ピンは非反転入力端子でありハイ・インピーダンス，またR_{81}の11 kΩが接続されていることにより3ピンからは11 kΩが見え，経路のインピーダンスも高い状態になっていました．

● 入力経路のインピーダンスを下げると発振が止まった

このAD8092（IC_{57A}）の3ピンの経路のインピーダンスを下げて，異常発振がどのように変化するかを実験してみました．あらためて写真6をご覧ください．ここでは謎のLNA AD8092（IC_{57A}）入力に直列に挿入してあるR_{81} 11 kΩを取り外し，R_{81}の入力側とAD8092（IC_{57A}）の3ピンをジャンパしてあります．なお，問題と思われたパターンはそのままにして実験してみました．

ジャンパを施すことで，AD8092（IC_{57A}）の3ピンからは25 Ω（R_{80} 51 Ωと信号源抵抗50 Ωとの並列）が見え，経路のインピーダンスが低下することになります．このときAD603（IC_{51}）出力をスペアナで観測したスペクトルを図23に示します．異常発振は止まりました…．信号経路のインピーダンスを低下させることで止まるのです．「なるほどねえ」という感じでした．

R_{81}の11 kΩにより経路のインピーダンスが高くなり，外部から結合しやすくなっていたのです．普通のLNAとして設計する／考えるのであれば，このような高い直列抵抗R_{81}は不要です，というより付けてはいけません．でもこの用途では，謎の理由により必要なのでした…．さてどうしたものでしょう…．

● 想定していた長いパターンだけが問題ではなかった

次に，問題と思われた写真6の長いパターンをカットして，R_{81}の入力（J_1端子）側のスルー・ホールからAD8092（IC_{57A}）の3ピンに，「11 kΩを空中配線で直結」してみました．このときAD603（IC_{51}）出力で観測されるスペクトルのようすを図24に示します．なんだかまだ発振気味になりそうな「盛り上がり」が見えます．なお，マーカは図21でのピーク点の位置のままなので，この図での盛り上がりの頂点を指していません．

この図24のようすは，低周波のエンジニアの方はあまり見ないようなスペクトルかもしれませんが，RF（高周波）系のエンジニアの方だとスペアナでよく見る，異常発振寸前の増幅回路の特性に「そっくり」なのです．まだ対策が完全でないことがわかります．

ここでわかることは，単純に長いパターンだけが問題の根本原因ではないということです（カットしても消えないから）．

AD8092（IC_{57A}）の入力（3ピン）がR_{81}の11 kΩによりハイ・インピーダンスになっているので，周辺のパターン（当初想定していた，マイナス5 V電源）からIC入力への直接の迷結合も大きそうです．

● コンデンサを対グラウンドに接続して無理やり対策してみた

ここまでで，マイナス5 V電源ラインのパターンが不適切そうだということはわかってきましたが，すでに完成したプリント基板ですから，あらためて改版するわけにもいきません．

図23 入力経路のインピーダンスを下げると4.8MHzあたりで観測された異常発振が止まった

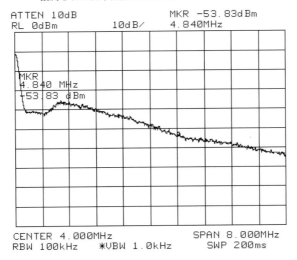

図24 問題と思われる長いパターンをカットして，R_{81}の入力（J_1端子）側のスルー・ホールからIC_{57A}の3ピンに11kΩを直結した．なんだかまだ発振気味になりそうな「盛り上がり」が見える（なおマーカは図21でのピーク点の位置のままなので，この図での盛り上がりの頂点は指していない）

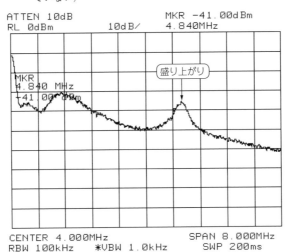

そこで目の前に転がっていた（他の実験回路から取り外した）10 pFをAD8092（IC_{57A}）の入力とグラウンド間に付けてみました．これにより問題となっている信号経路のインピーダンスを交流的に下げてみます．4.8 MHzでリアクタンスが$-j3.3$ kΩ程度になります．基板を改版できないための「苦肉の対策」です（汗）．

こうすると，図25のようにだいぶ安定したスペクトルが観測できます．ちょっとピークが出ていますが，3 dB程度ですし，問題なさそうです．しかし，通すべきキャリア周波数の625 kHzでの減衰が大きくなるため（10 pFを接続することで-3 dBカットオフ周波数が1.45 MHzになってしまうので），ちょっと問題です．

そこで10 pFを6 pFに変えてみました．この6 pFというのも手持ちの都合ですが，本当に「苦肉の，とっかえひっかえ」です…．これだと逆に，問題の4.8 MHzの減衰が不足するか？…とも思われましたが，無事に図26のように10 pFと同レベルのスペクトルが得られました．

この状態で図19のボリュームRV_{51}をゲインが上昇する方向に回転させても，「実際の出力ゲインが下がる」という事態はなくなり，ボリュームの回転に合わせてスムーズに出力ゲインが上昇するようになりました．めでたし，めでたし．

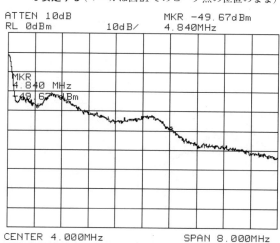

図25 AD8092の入力とグラウンド間に10 pFを付けるとだいぶ安定する（マーカは図21でのピーク点の位置のまま）

3-2 低周波アナログ回路の想定どおりでない不思議な動きの原因を突き止める

図26 10 pFを6 pFに変えてみる．あまり劣化しない（マーカは図21でのピーク点の位置のまま）

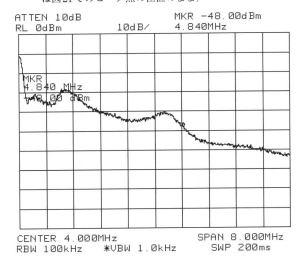

図27 ラジオの回路図などで見る段間のデカップリング

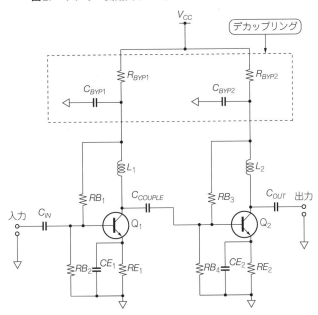

■ これらの実験的アプローチで仮説が検証でき問題を修正できた

　最初に立てた仮説、「どこかで迷結合ができていて、VGA AD603のゲインを上げれば、異常発振のレベルが大きくなって、より深い飽和となってきて、その結果として本来の信号の増幅率が低下してくる」を実験的アプローチで検証し、問題を修正することができました．

　驚いたことは、「数MHzという意外と低い周波数でも迷結合ができて発振してしまう」ということです．このような周波数でも回路をなめてかかることなく、異常発振などに十分な注意が必要ということです．

● この迷結合対策はラジオなど高周波回路の回路図でよく見るもの

　そういえばラジオなどの高周波回路で、図27のような電源に直列に抵抗が挿入されている回路を見ることがあります．これはトランジスタ2段構成のアンプの部分ですが、各段のゲインが高いため、この節で説明したような問題（電源を経由して前段に信号が戻り、迷結合から発振に至る）が生じやすいものです．

　そのため図中に破線で示すように、抵抗とコンデンサでLPFを構成してデカップリングし、迷結合の経路を排除します．これも今さらながら「なるほどねえ」ですね．

3-2 低周波アナログ回路の想定どおりでない不思議な動きの原因を突き止める

表1 入力容量の低いOPアンプ(同相モード容量が2pF未満.2018年6月現在,その1)

Part #	GBP (typ)	Slew Rate (typ)	V_{OS} (max)	Amp Per Package	$V_{CC} \sim V_{EE}$	I_{bias} (max)	C_{diff} (typ)	C_{CM} (typ)	Package
LTC6262	30MHz	7V/μs	400μV	2	1.8〜5.25V	100nA	400fF	300fF	SOT-23, PDIP, MSOP, DFN
LTC6256	6.5MHz	1.8V/μs	350μV	2	1.8〜5.25V	50nA	400fF	300fF	SOT-23, PDIP, MSOP, DFN
LTC6263	30MHz	7V/μs	400μV	4	1.8〜5.25V	750nA	400fF	300fF	MSOP
LTC6255	6.5MHz	1.8V/μs	350μV	1	1.8〜5.25V	50nA	400fF	300fF	SOT-23, DFN
LTC6261	30MHz	7V/μs	400μV	1	1.8〜5.25V	100nA	400fF	300fF	SOT-23, DFN
LTC6257	6.5MHz	1.8V/μs	350μV	4	1.8〜5.25V	50nA	400fF	300fF	MSOP
LTC6269-10	4GHz	1.5kV/μs	700μV	2	3.1〜5.25V	20fA	100fF	450fF	PDIP, DFN
LTC6269	500MHz	400V/μs	700μV	2	3.1〜5.25V	20fA	100fF	450fF	PDIP, DFN
LTC6268	500MHz	400V/μs	700μV	1	3.1〜5.25V	20fA	100fF	450fF	SOIC, SOT-23
LTC6268-10	4GHz	1.5kV/μs	700μV	1	3.1〜5.25V	20fA	100fF	450fF	SOIC, SOT-23
ADA4855-3	200MHz	870V/μs	3mV	3	3〜5.5V	1.7μA		500fF	LFCSP
ADA4853-1	55MHz	120V/μs	4.1mV	1	2.65〜5V	1.7μA		600fF	SC70
ADA4853-3	55MHz	120V/μs	4.1mV	3	2.65〜5V	1.7μA		600fF	LFCSP, TSSOP
ADA4853-2	55MHz	120V/μs	4.1mV	2	2.65〜5V	1.7μA		600fF	LFCSP
AD8022	100MHz	50V/μs	6mV	2	4.5〜26V	5μA		700fF	SOIC, PDIP
AD8870		2.5kV/μs	10mV	1	10〜40V	23μA		750fF	PSOP3, CHIPS OR DIE
LTC6247	180MHz	90V/μs	500μV	2	2.5〜5.25V	350nA	2pF	800fF	SOT-23, PDIP, MSOP, DFN
LTC6248	180MHz	90V/μs	500μV	4	2.5〜5.25V	350nA	2pF	800fF	MSOP
LTC6246	180MHz	90V/μs	500μV	1	2.5〜5.25V	350nA	2pF	800fF	SOT-23
AD549	1MHz	3V/μs	500μV	1	10〜36V	60fA	1pF	800fF	Header
ADA4177-4	3.5MHz	1.5V/μs	60μV	4	10〜30V	1nA	1pF	1pF	SOIC, TSSOP
AD8008	380MHz	1kV/μs	4mV	2	5〜12V	8μA	1pF	1pF	SOIC, PDIP
ADA4807-1	200MHz	225V/μs	125μV	1	2.7〜11V	1.6μA	1pF	1pF	SC70, SOT-23

表1 入力容量の低いOPアンプ(同相モード容量が2pF未満.2018年6月現在,その2)

Part #	GBP (typ)	Slew Rate (typ)	V_{OS} (max)	Amp Per Package	$V_{CC} \sim V_{EE}$	I_{bias} (max)	C_{diff} (typ)	C_{CM} (typ)	Package
AD8062	90MHz	650V/μs	6mV	2	2.7～8V	9μA		1pF	SOIC, PDIP
AD8063	90MHz	650V/μs	6mV	1	2.7～8V	9μA		1pF	SOIC, SOT-23
AD8021	1GHz	130V/μs	1mV	1	4.5～24V	11.3μA		1pF	SOIC, PDIP
ADA4807-4	200MHz	225V/μs	175μV	4	2.7～11V	1.6μA	1pF	1pF	TSSOP
ADA4177-2	3.5MHz	1.5V/μs	60μV	2	10～30V	1nA	1pF	1pF	SOIC, PDIP
ADA4177-1	3.5MHz	1.5V/μs	60μV	1	10～30V	1nA	1pF	1pF	SOIC, PDIP
ADA4805-1	30MHz	160V/μs	125μV	1	2.7～10V	800nA		1pF	SC70, SOT-23
AD8007		1kV/μs	4mV	1	5～12V	6μA	1pF	1pF	SC70, SOIC
AD8061	90MHz	650V/μs	6mV	1	2.7～8V	9μA		1pF	SOIC, SOT-23
ADA4805-2	30MHz	160V/μs	125μV	2	2.7～10V	800nA		1pF	LFCSP, PDIP
ADA4807-2	200MHz	225V/μs	125μV	2	2.7～11V	1.6μA	1pF	1pF	LFCSP, PDIP
AD8037	140MHz	1.5kV/μs	7mV	1	6～12V	9μA		1.2pF	SOIC, CHIPS OR DIE
ADA4851-4	70MHz	190V/μs	3.5mV	4	2.7～12V	4μA		1.2pF	TSSOP
ADA4851-2	70MHz	190V/μs	3.5mV	2	2.7～12V	4μA		1.2pF	PDIP
AD9632	130MHz	1.5kV/μs	5mV	1	6～12V	7μA		1.2pF	SOIC
LTC6258	1.3MHz	240mV/μs	400μV	1	1.8～5.25V	75nA	650fF	1.2pF	SOT-23, DFN
AD9631	110MHz	1.3kV/μs	10mV	1	6～12V	7μA		1.2pF	PDIP, SOIC, CHIPS OR DIE
LTC6260	1.3MHz	240mV/μs	400μV	4	1.8～5.25V	75nA	650fF	1.2pF	MSOP
ADA4850-1	70MHz	160V/μs	4.2mV	1	2.7～6V	4.2μA		1.2pF	LFCSP
ADA4850-2	70MHz	160V/μs	4.2mV	2	2.7～6V	4.2μA		1.2pF	LFCSP
AD8036	110MHz	1.2kV/μs	7mV	1	6～12V	10μA		1.2pF	PDIP, CerDIP, SOIC, CHIPS OR DIE
ADA4851-1	70MHz	190V/μs	3.5mV	1	2.7～12V	4μA		1.2pF	SOT-23
LTC6259	1.3MHz	240mV/μs	400μV	2	1.8～5.25V	75nA	650fF	1.2pF	SOT-23, PDIP, MSOP, DFN

表1 入力容量の低いOPアンプ（同相モード容量が2 pF未満．2018年6月現在．その3）

Part #	GBP (typ)	Slew Rate (typ)	V_{OS} (max)	Amp Per Package	$V_{CC} \sim V_{EE}$	I_{bias} (max)	C_{diff} (typ)	C_{CM} (typ)	Package
AD8045	400MHz	1.35kV/μs	1mV	1	3.3～12V	6.3μA		1.3pF	LFCSP, SOIC-EP
AD823A	10MHz	35V/μs	3.5mV	2	3～36V	25pA	600fF	1.3pF	SOIC, PDIP
ADA4817-2	410MHz	870V/μs	2mV	2	5～10V	2μA	0.1pF	1.3pF	LFCSP
ADA4817-1	410MHz	870V/μs	2mV	1	5～10V	2μA	0.1pF	1.3pF	LFCSP, SOIC-EP
AD8051	80MHz	170V/μs	11mV	1	3～12V	2.6μA		1.4pF	SOIC, SOT-23
AD8397	35MHz	53V/μs	3mV	2	3～25.2V	900nA		1.4pF	SOIC, SOIC-EP
AD8052	80MHz	170V/μs	11mV	2	3～12V	2.6μA		1.4pF	SOIC, PDIP
AD8092	50MHz	170V/μs	11mV	2	3～12V	2.6μA	1.4pF	1.4pF	SOIC, PDIP
AD8091	50MHz	170V/μs	11mV	1	3～12V	2.6μA	1.4pF	1.4pF	SOIC, SOT-23
AD848	175MHz	300V/μs	2.3mV	1	9～36V	5μA		1.5pF	PDIP, CerDIP, SOIC, CHIPS OR DIE
AD8054	90MHz	145V/μs	13mV	4	3～12V	4.5μA		1.5pF	SOIC, TSSOP
AD847	50MHz	300V/μs	1mV	1	9～36V	6.6μA		1.5pF	PDIP, CerDIP, SOIC, CHIPS OR DIE
AD8048	120MHz	1kV/μs	3mV	1	6～12V	3.5μA		1.5pF	SOIC
AD828	100MHz	450V/μs	2mV	2	5～36V	6.6μA		1.5pF	PDIP, SOIC
AD827	50MHz	300V/μs	2mV	2	9～36V	7μA		1.5pF	PDIP, CerDIP, SOIC, CHIPS OR DIE, LCC
LT6203X	83MHz	24V/μs	500μV	2	2.5～12.6V	7μA	1.8pF	1.5pF	SOIC
AD817	50MHz	350V/μs	2mV	1	5～36V	6.6μA		1.5pF	PDIP, SOIC
AD8001	880MHz	1.2kV/μs	5.5mV	1	6～12V	25μA		1.5pF	PDIP, CerDIP, SOIC, SOT-23, CHIPS OR DIE
AD8047	110MHz	750V/μs	3mV	1	6～12V	3.5μA		1.5pF	PDIP, SOIC
ADA4860-1		790V/μs	13mV	1	5～12V	10μA	1.5pF	1.5pF	SOT-23
AD818	100MHz	500V/μs	2mV	1	5～36V	6.6μA		1.5pF	PDIP, SOIC

表1 入力容量の低いOPアンプ（同相モード容量が2 pF未満．2018年6月現在．その4）

Part #	GBP (typ)	Slew Rate (typ)	V_{OS} (max)	Amp Per Package	$V_{CC} \sim V_{EE}$	I_{bias} (max)	C_{diff} (typ)	C_{CM} (typ)	Package
AD8002	600MHz	1.2kV/μs	6mV	2	6～12V	25μA	1.5pF	1.5pF	SOIC, PDIP
AD8042	90MHz	225V/μs	9.8mV	2	3～12V	3.2μA		1.5pF	SOIC, CHIPS OR DIE
AD826	50MHz	350V/μs	2mV	2	5～36V	6.6μA	1.5pF	1.5pF	PDIP, SOIC
AD8032	50MHz	35V/μs	1.5mV	2	2.7～12V	1.2μA		1.6pF	PDIP, SOIC, PDIP, CHIPS OR DIE
AD8005	270MHz	1.5kV/μs	30mV	1	8～12V	10μA	1.6pF	1.6pF	SOIC, SOT-23
AD8031	50MHz	35V/μs	1.5mV	1	2.7～12V	1.2μA	1.6pF	1.6pF	PDIP, SOIC, SOT-23
AD8044	90MHz	190V/μs	6.5mV	4	3～12V	4.5μA		1.6pF	PDIP, SOIC
AD8099	3.8GHz	470V/μs	500μV	1	5～12V	13μA		1.8pF	LFCSP, SOIC-EP
LT6204	100MHz	25V/μs	500μV	4	2.5～12.6V	7μA	1.5pF	1.8pF	SOIC, SSOP
LT6203	100MHz	25V/μs	500μV	2	2.5～12.6V	7μA	1.5pF	1.8pF	SOIC, PDIP, DFN
AD8041	160MHz	170V/μs	7mV	1	3～12V	3.2μA		1.8pF	PDIP, CerDIP, SOIC
LT6202	100MHz	25V/μs	500μV	1	2.5～12.6V	7μA	1.5pF	1.8pF	SOIC, SOT-23
AD823	10MHz	25V/μs	3.5mV	2	3～36V	3μA	1.8pF	1.8pF	PDIP, SOIC
AD8057	100MHz	1.15kV/μs	5mV	1	3～12V	2.5μA		2pF	SOIC, SOT-23, CHIPS OR DIE
AD8029	45MHz	63V/μs	5mV	1	2.7～12V	2.8μA		2pF	SC70, SOIC
AD8040	45MHz	62V/μs	5mV	4	2.7～12V	2.8μA		2pF	SOIC, TSSOP
AD8058	100MHz	1.15kV/μs	5mV	2	3～12V	2.5μA		2pF	SOIC, PDIP, CHIPS OR DIE
OP467	28MHz	170V/μs	500μV	4	9～36V	600nA	1pF	2pF	LCC, PDIP, SOIC, CerDIP, CHIPS OR DIE
AD8055	300MHz	1.4kV/μs	5mV	1	8～12V	1.2μA		2pF	PDIP, SOIC, SOT-23
AD706	800kHz	150mV/μs	100μV	2	4～36V	20pA	2pF	2pF	PDIP, SOIC
AD8030	45MHz	63V/μs	5mV	2	2.7～12V	2.8μA		2pF	SOIC, SOT-23
OP281	105kHz	28mV/μs	1.5mV	2	2.7～12V	10nA	2pF	2pF	SOIC, TSSOP

3-2 低周波アナログ回路の想定どおりでない不思議な動きの原因を突き止める

表1 入力容量の低いOPアンプ（同相モード容量が2pF未満．2018年6月現在．その5）

Part #	GBP (typ)	Slew Rate (typ)	V_{OS} (max)	Amp Per Package	$V_{CC} \sim V_{EE}$	I_{bias} (max)	C_{diff} (typ)	C_{CM} (typ)	Package
AD8056	300MHz	1.4kV/μs	5mV	2	8～12V	1.2μA		2pF	PDIP, SOIC, PDIP
ADA4857-2	410MHz	2.8kV/μs	4.5mV	2	4.5～10.5V	3.3μA		2pF	LFCSP
AD8028	190MHz	100V/μs	900μV	2	2.7～12V	6μA		2pF	CHIPS OR DIE, SOIC, MSOP
AD8027	190MHz	100V/μs	900μV	1	2.7～12V	6μA		2pF	SOIC, SOT-23
ADA4857-1	410MHz	2.8kV/μs	4.5mV	1	4.5～10.5V	3.3μA		2pF	LFCSP, SOIC
AD8038	170MHz	425V/μs	3mV	1	3～12V	750nA		2pF	SC70, SOIC
AD704	800kHz	150mV/μs	150μV	4	4～36V	27μA	2pF		LCC, PDIP, SOIC

第4章
差分電圧の検出とその限界
ディファレンス・アンプや計装アンプによる差動回路

本章では，コモンモード・ノイズが発生する原因からはじめ，CMRRの考えかたについて説明し，ディファレンス・アンプや計装アンプでCMRRを高く維持するためにはどのようにすればよいかについて考察していきます．

4-1 電子回路で生じるコモンモード・ノイズと差動回路の活用

「コモンモード(common mode)」は同相モードとか同相成分とも呼びます．一方，「ノーマルモード(normal mode)」は一般的な電圧(電位差)の考えで，対グラウンド(対地)を基準として電圧がどれだけあるかを示すものです．一般に，コモンモードはちょっとイメージが掴みにくいものかもしれません．

■ コモンモード電圧は2点間のグラウンド電圧の差異

コモンモード電圧は，異なる2点間のグラウンド電位が異なるために生じるものです．**図1**にそのしくみを示します．回路の動きとしては，信号源 V_S (V_S のSはSource；源のS)に対して，付加電圧 V_C (V_C のCはCommon；共通/同相のC)が直列に接続されたものとして考えることができます．つまり，V_S のプラス側とマイナス側が同じ電圧 V_C ぶんだけオフセットして動いていると考えることができます．

このように，V_S の端子両端が同じ電圧，同じ方向に動くことで「コモン(共通/同相)」な「モード」という感じで，コモンモード電圧を考えることができます．そして，これが回路に対しては「コモンモード・ノイズ」となって悪影響を与えることになります．

図1の回路はシングルエンドですが，負荷端(一般的にはOPアンプなどのアナログ信号処理回路部分)で，V_C がノイズとなって検出されてしまうという問題があります．

「こんなノイズ(電圧)，どうすれば発生するの？」と思われる方も多いかと思います．一般的にふたつの原因が主として考えられます．

図1 コモンモード電圧は異なる2点間のグラウンド電位が異なるために生じるもの

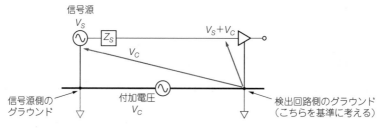

● ひとつめの原因…鎖交磁束による起電力

ひとつは図2のように，2点間のグラウンド配線と信号配線とでできる，広いループの面積Sの中を変動磁界$B(t)$が通り抜け（これをより専門的には「鎖交磁束」と呼ぶ．なお$B(t)$は厳密には「磁束密度」），それが電磁誘導で，以下の式で電圧V_{emf}として現れるものです．

$$V_{emf} = \mu_0 S \frac{dB(t)}{dt}$$

ここで，μ_0は真空の透磁率，tは時間です（ガラス・エポキシ誘電体や銅パターンの比透磁率μ_rは約1なので，μ_0のままで計算できる）．このV_{emf}は，回路がオープンになっているときに回路端子に現れる電圧で，閉回路一巡がインピーダンスZをもっている場合（もっと簡単にいうと「回路内に抵抗やインダクタンスが接続されている場合」）には，電磁誘導による回路全体の電流Iが，

$$I = \frac{V_{emf}}{Z}$$

のように決定すると考えることができます．回路のインピーダンスZには，V_{emf}を生じる相互インダクタンス，もれ磁束による自己インダクタンスも含まれます．

図2 2点間のグラウンド配線と信号配線の広いループの中を変動磁界が通り抜け，それがコモンモード電圧として現れる

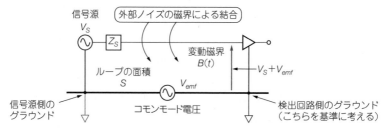

このように回路にノイズ電圧やノイズ電流が発生するわけです．

また，鎖交磁束$B(t)$は周囲の電流変動により生じますが，一般的には50 Hz/60 Hzの商用電源による影響，機器内のスイッチング電源回路に流れる過渡的な電流による影響，そして機器内のディジタル回路部分の論理変化（スイッチング）による影響などが考えられるでしょう．

以降でも出てきますが，V_{emf}は$dB(t)/dt$に比例し，相互インダクタンスによるリアクタンスは$X = 2\pi fM$（または$2\pi fL$）なので，それぞれ周波数fに比例する［$dB(t)/dt$は変動周波数に比例する］ことから，周波数が高くなってくると厄介になってくるだろうということがわかると思います．これがコモンモードによるノイズになるわけです．

● ふたつめの原因…グラウンド・ラインに流れる電流による電圧降下

もうひとつのコモンモード電圧の発生する原因は，グラウンド・ラインに別の回路の電流が流れることにより電圧が生じるというものです．このようすを図3に示します．

2点のグラウンド・ポイント間には「インピーダンスZ_G（Z_GのGはGroundのG）」が当然生じます．物理的に位置が異なるわけで，またその間を接続するリード線やケーブルがあるわけですから，これらの導体には導体抵抗と，導体に生じるインダクタンスが存在することになります．

これらが2点のグラウンド・ポイント間の「インピーダンス」となります．このインピーダンスに対して，他の回路（これも原因としてはひとつめで説明した，①商用電源，②スイッチング電源回路，③ディジタル回路などが挙げられる）の電流が流れることにより，電圧降下が生じてコモンモード電圧が発生することになります．

ここでもインピーダンスのうち，インダクタンス成分が厄介で，生じるリアクタンスは

図3 2点間のグラウンド配線に別の回路の電流が流れることにより生じる電圧降下がコモンモード電圧として現れる

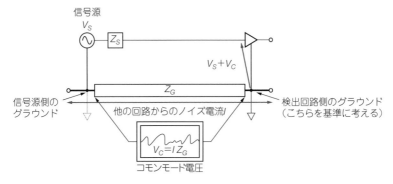

$X = 2\pi fL$ なので,周波数 f に比例することから,周波数が高くなってくると影響度が大きくなってしまいます.

● 「グラウンド・ラインに流れる電流による電圧降下」の影響をシミュレーションで見てみる

図の説明だけだとリアリティが少ないので,ADIsimPE[注1]を使ったシミュレーションでこのようすを再現してみたいと思います.

図4は,ADIsimPEで2点のグラウンド・ポイント間の「インピーダンス Z_G」をモデル化したものです.100 mmの信号ライン用のパターン(パターン幅は0.4 mm程度の一般的な幅を想定)をグラウンドのパターンとして用意し,それにより2点のグラウンド・ポイント間を接続したものとして設定してみました.

先の「他の回路の電流」に相当する電流は,1 kΩ の負荷抵抗に流れる5 V CMOSディジタルのスイッチング信号としています.ここでは変動周波数が問題になるというより,論理

図4 ADIsimPEで2点のグラウンド・ポイント間のインピーダンスをモデル化したもの
(100 mmのパターンを想定)

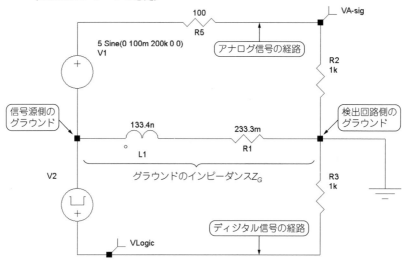

注1:これまで各章の脚注で示してきたように,アナログ・デバイセズのSPICEシミュレータはNI Multisim,つづいてSIMetrixをベースにしたADIsimPE,そしてLTspiceと変遷してきている.ADIsimPEは執筆時点でも依然としてアナログ・デバイセズの公式SPICEシミュレータである.

変化(スイッチング)時に過渡現象的にインダクタンスが応答することのほうが問題になることが容易に予想できると思います．

過渡現象的に応答することを考慮して，意識的に，ディジタル信号の立ち上がり時間／立ち下がり時間を10 nsとして若干低速なロジック回路を想定してみました．アナログ信号源は200 mV$_{p-p}$です．

シミュレーションの結果を図5に示します．立ち上がり時間／立ち下がり時間が低速ぎみでも，こんなに大きなノイズ(実際はコモンモード電圧／コモンモード・ノイズ)が観測されています！ これが負荷端(アナログ信号処理回路部分)に加わるわけですから，とても嫌な成分が生じてしまうわけですね．「見ただけで厄介そうだなぁ…」と思われるのではないでしょうか．

■ 神の方式…差動伝送／差動回路

2つの信号ラインを用いて，それも相互に逆相の信号を用いて，1つの信号情報を伝送する「差動伝送」とか「差動回路」と呼ばれる方式があります．これは図6のように表すことができます．この方式が，これまで示してきたようなコモンモードによる問題，「コモンモー

図5 図4のシミュレーションの結果．大きなノイズ(コモンモード電圧／コモンモード・ノイズ)が観測されている

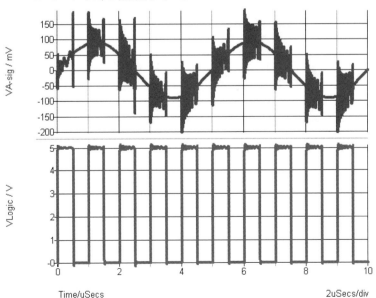

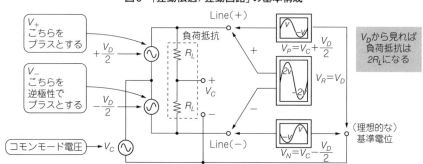

図6 「差動伝送/差動回路」の基本構成

ド・ノイズ」を低減させるために非常に有効なものとなります．それこそ「神の方式」なんて呼んでもよいかもしれません．

　元々の信号情報を V_D（V_DのDはDifferential；差動のD）とすると，差動信号では $V_+ = +V_D/2$，$V_- = -V_D/2$ の2信号を伝送します．ここにコモンモード電圧 V_C が加わったことを考えてみましょう．コモンモード電圧が加わった差動回路のそれぞれの「基準電位から見た」端子電圧は，

$$V_P = V_+ + V_C = +\frac{V_D}{2} + V_C$$

$$V_N = V_- + V_C = -\frac{V_D}{2} + V_C$$

となります．V_P（V_PのPはPositive；正極性のP）は差動回路の正側の線路Line (+) の受信端における対地（対グラウンド）電圧，V_N（V_NのNはNegative；負極性のN）は同じく負側の線路Line (−) の対地電圧です．なお，以後は各信号線を「線路」と呼んでいきます．

　差動回路の受信端では，V_P と V_N に「引き算」の処理を行うことで，受信信号 V_R を

$$V_R = V_P - V_N = \left(+\frac{V_D}{2} + V_C\right) - \left(-\frac{V_D}{2} + V_C\right) = +V_D$$

として得ることができます．V_C が消えていますね！

　このように差動回路の原理で，コモンモード電圧をキャンセルすることができるわけですね．

● 差動回路では偶数次歪みもキャンセルできる

　もう少しオマケですが，差動回路では偶数次の歪みもキャンセルすることができます（奇数次はキャンセルできない）．たとえば図7のような回路で，送信端（出力端）から受信端（入力端）にかけて，途中に非線形な要素がある状態を考えてみます．ここでは2次の成分があっ

図7 差動回路で送信端から受信端にかけて途中に非線形な要素がある場合

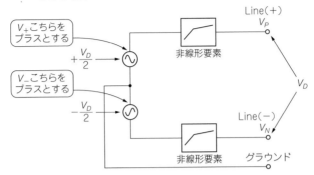

たとします．

　これをADIsimPEでモデル化してみたものを**図8**に示します．図中にあるARB1，ARB2ブロックは，

$$V_{out} = V_{in} + 0.5\, V_{in}^2$$

と自乗の要素をもっています．自乗の要素というのは，「2」乗であり，このために「偶数次」の項というわけです．

　この「偶数次」の項は，自乗（もしくは4，6，8，…）の要素に対して，＋1Vが入れば＋1Vになりますが，－1Vが入っても＋1Vになる，つまり絶対値の要素をもっているものです．そうすると差動の端子，V_PとV_Nから同じ極性の信号，つまりコモンモード電圧V_Cと同じような成分ができてしまうことになります．

　先の引き算処理の式でこの成分をV_Cとして考えれば，偶数次歪みが重畳した差動信号を受信端で差動受信（つまり引き算）することで，偶数次の歪み成分がキャンセルできることがわかります．

　図8のADIsimPEのモデルでシミュレーションしてみたようすを**図9**に示します．V_P，V_N（図中下）には2次の成分による歪みが生じていますが，それを差動受信したV_D（図中上）ではその2次の成分が消えて，本来の信号である$V_D = 2 \times V_S$が得られていることがわかります．

　本当に差動回路は神の方式なわけですね！　といっても，繰り返しますが，奇数次の歪みは（＋1Vが入れば＋1Vに，－1Vが入れば－1Vになるため）残念ながらキャンセルすることができません．

第4章 差分電圧の検出とその限界

図8 図7の回路をADIsimPEでモデル化してみた

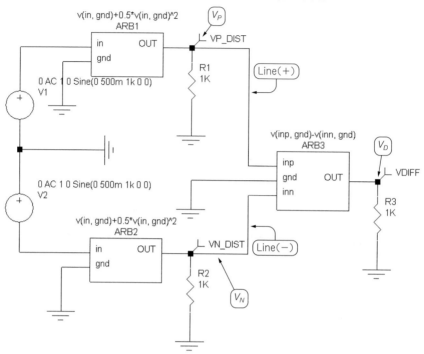

図9 図8の回路のシミュレーション結果

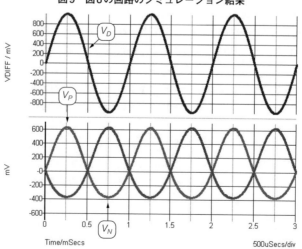

■ 神の差動回路に生じる現実世界での限界

　この単純理論だけで考えれば，差動伝送や差動回路は超素晴らしいものといえるでしょう．しかし，現実は図10や図11に示すように，回路内にはいろいろなアンバランスな要因が存在します．このアンバランスにより，「神の差動回路」も現実世界での限界が露呈してしまうことになります．

● ひとつめの原因…各差動線路への結合度の違い

　図10は差動の各線路Line（＋），Line（－）に加わる（生じる）コモンモード電圧のレベル自体が異なる，つまりノイズ源からの結合度に違いがあるケースです．式で表すと，次のようになります．

$$V_P = V_+ + V_{C(+)}$$
$$V_N = V_- + V_{C(-)}$$

ここで，V_Pは差動回路の正側の線路Line（＋）の受信端における対地（対グラウンド）電圧，V_Nは負側の線路Line（－）の受信端における対地電圧です．また，差動信号は$|V_+| = |V_-|$ですが，コモンモード電圧が$|V_{C(+)}| \neq |V_{C(-)}|$となるケースです．これはコモンモード電圧を発生させる要因が，差動の各線路Line（＋），Line（－）に結合する量として異なっているというものです．

　これにより，差動受信したとしても，

$$V_R = V_P - V_N = \left(\frac{+V_D}{2} + V_{C(+)}\right) - \left(\frac{-V_D}{2} + V_{C(-)}\right) = V_D + V_{C(\delta)}$$

$$V_{C(\delta)} = V_{C(+)} - V_{C(-)}$$

となり，コモンモード成分$V_{C(\delta)}$が差動信号のオバケ成分（余計な成分）として，受信信号V_Rに混じってしまいます．

図10　差動の各線路に加わる（生じる）コモンモード電圧のレベル自体が異なるケース

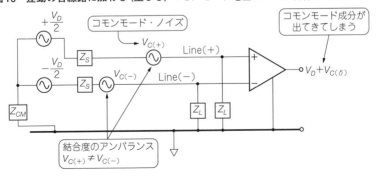

● ふたつめの原因…差動の各線路間のアンバランス

図11は，差動の各線路Line（＋），Line（－）の特性が異なる（アンバランスな）ケースです．各部分のインピーダンスが異なるものです．式で表してもいいでしょうが，これは直感的にも理解できると思いますので，式では示しません．その代わりに，このようすをモデル化し

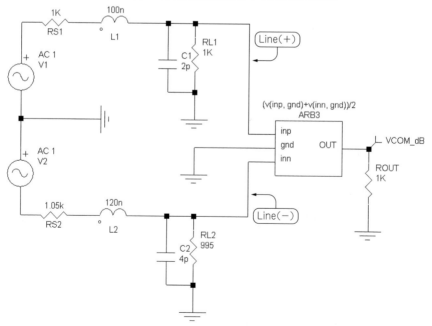

図11 差動の各線路の特性が異なる（アンバランスな）ケース

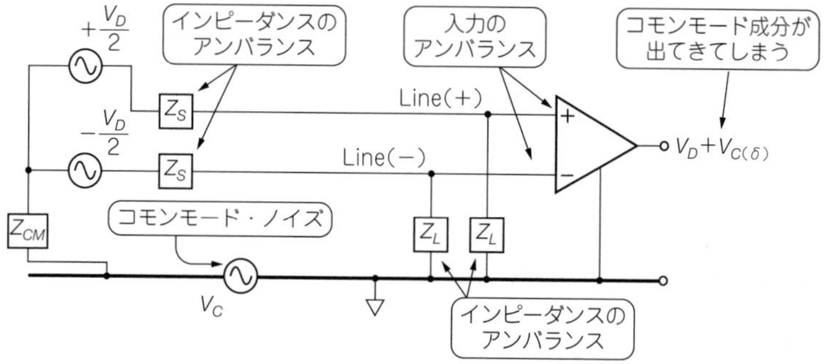

図12 図11の回路をADIsimPEでモデル化してみた

て，シミュレーションで特性の変化する様子を見てみたいと思います．

図12は図11をADIsimPEの上でモデル化したものです．モデルに付加されているLやCは，線路の寄生成分として考えられるもので，ケーブル/プリント基板のパターンの寄生インダクタンスや，プリント基板のパターン間の浮遊容量などに相当します．

この系でコモンモード電圧V_Cが出力に現れる率をシミュレーションし，dBで表してみた結果を図13に示します．コモンモード電圧V_Cが差動出力に現れていることがわかると思います．このしくみにおいても，コモンモード成分が差動信号のオバケ成分（余計な成分）として，受信信号V_Rに混じってしまいます．

● 周波数が高くなってくると影響度が大きくなる

図13において，さらに興味深いこととして，周波数が高くなってくると，コモンモード電圧V_Cが差動出力（受信信号V_R）に現れる率が大きくなっていることが結果からわかります．インダクタンスL[H]はリアクタンスX_Lとなり，先にも示したように，

$X_L = 2\pi fL$

として周波数に比例して大きくなります．浮遊インダクタンス成分に周波数f[Hz]の電流

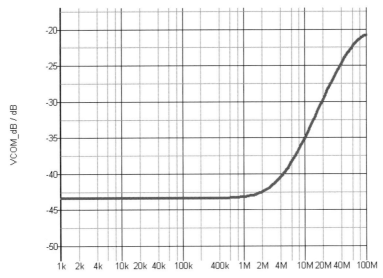

図13 図12の回路のシミュレーション結果．コモンモード電圧が出力に現れる率は周波数が上昇すると大きくなる

$I(f)$ が流れると，同じ電流量でも周波数 f に比例して電圧降下が大きくなる，つまり影響度が大きくなります．また容量 C [F] もリアクタンス X_C となり，

$$X_C = \frac{1}{2\pi fC}$$

として周波数に比例して小さくなります．浮遊容量成分は一般的に回路に対して並列に（シャントのかたちで）接続されることとなります．回路に周波数 f の電流 $I(f)$ が流れると，本来の回路以外であるこの「並列に接続されたかたちの浮遊容量成分」に周波数に比例した漏れ電流が流れ出てしまい，周波数に比例して影響度が大きくなることがわかります．

■ 差動回路で重要な概念 CMRR

ここで重要な概念が出てきます．CMRR（Common Mode Rejection Ratio）というものです．考えかたは簡単で，図11のような回路で，差動信号成分に対する利得を A_{diff} とし，コモンモード電圧成分に対する利得を A_{comm} とすれば，

$$CMRR = \frac{A_{comm}}{A_{diff}}$$

と計算できます．図11では $A_{diff} = 1$ として記載しています．CMRRは日本語で言うと「コモンモード除去比」で，結局，系としてどれだけコモンモードの影響を低減できるのか，というものだということもわかります．

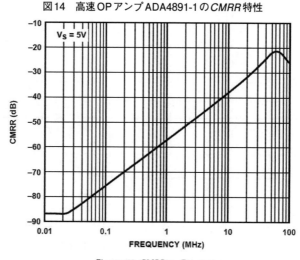

図14　高速OPアンプADA4891-1のCMRR特性

Figure 43. CMRR vs. Frequency

図14に高速OPアンプADA4891-1のCMRR特性グラフを示します．このように，周波数が上昇してくるとCMRRが低下してくることがわかります．これは結局ICの内部であっても，先に示した

(1) 周波数が高くなってくると，コモンモード電圧V_Cが差動出力（受信信号V_R）に現れる率が大きくなる
(2) 寄生インダクタンスに電流$I(f)$が流れると，同じ電流量でも周波数に比例して電圧降下が大きくなる
(3) 並列に接続されたかたちの浮遊容量成分に周波数に比例した漏れ電流が流れ出てしまい，周波数に比例して影響度が大きくなる

という話と同じであることがおわかりいただけると思います．

● グラウンドのインピーダンスを下げることでのコモンモード・ノイズ低減へのメリット

電流によって生じる電圧降下（グラウンド間電位差）がコモンモード電圧V_Cのひとつの原因になりますが，これが図11で示した「差動の各線路Line（+），Line（-）の特性が異なる（アンバランスな）ケース」のしくみにより，差動出力（受信信号V_R）の上に現れてしまいます．

ここでもし，「差動の各線路Line（+），Line（-）のアンバランス」を良化させることに限界があり，差動出力（受信信号V_R）に現れるコモンモード電圧V_Cを低く抑えたいのであれば，コモンモード電圧V_C自体を低下させるというアプローチも考えられます．

コモンモード電圧V_Cのひとつの要素は，「電流によって生じる電圧降下」ですから，グラウンドのインピーダンスZ_Gを下げればよいのです．しくみは図15のとおりです．簡単には

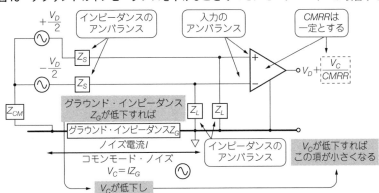

図15 グラウンドのインピーダンスを下げることでコモンモード・ノイズが改善する

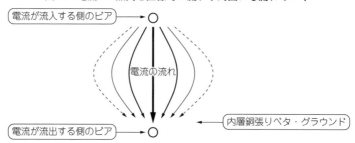

図16 電流は2点間を直線的に流れず周囲にも流れていく

いかない場合もあるでしょうが，プリント基板の場合ではベタ・パターンを用いることです．グラウンドがリード線になっているなら，太いリード線を用いるとか，（高周波が問題なら）複数のリード線を用いることです．またグラウンド・インピーダンス Z_G に流れる他の回路からの電流を減らすこともあります．これらにより電圧降下を低減でき，差動出力に現れる量を低減できるわけですね．

それでも，たとえベタ・グラウンドであっても，グラウンドに流れるリターン電流は，図16のように，導体を形成する銅に抵抗率が存在するために，電流は2点間を直線的に流れず，周囲にも流れていくことになります．離隔すればするほど当然電流量は低下していきますが，ゼロではありません．

高精度，高ダイナミック・レンジのシステムでは，余計な迷結合を十分に防ぐ必要もあるわけで，この広い面を広がって流れる電流の影響にも注意する必要があります．

まとめ

これらの話題は，電子回路の計測に関する電子回路の計測に関する拙書「アナログ・センスで正しい電子回路計測[8]」にも非常に詳しく記載しております．よろしければご覧ください．「回路の動作」も「正しい計測」もまったく同じということなんですね．

4-2 重ね合わせの理は信号変換やディファレンス・アンプの解析など多岐に活用できる

この節では回路の基本に戻って，「重ね合わせの理（Superposition Theorem）」という基本的な定理を，OPアンプ回路，特にディファレンス・アンプ回路でどのように活用するかという視点で進めていこうと思います．

4-2 重ね合わせの理は信号変換やディファレンス・アンプの解析など多岐に活用できる

■ 電子回路で重要な定理「重ね合わせの理」をイメージする

電気回路理論（というと大げさですが）で「重ね合わせの理」というものがあります．電気工学科・電気科や電子工学科・電子科で電気回路理論を学んだ人，またウェブなどで電気回路理論を学んだ人は，「重ね合わせの理」はほぼ間違いなく聞いたことがあるものでしょう．しかし実回路での必要性がイメージできずに，「そのまま置き去り」という人も多いのではないかと思います．

その「重ね合わせの理」は，電子回路，とくにOPアンプ回路あたりを設計したり解析したりするときに，「テブナンの定理（これも基本的かつ重要な定理）」とあわせて便利に使える，非常に重要な定理なのです．

● オーケストラで重ね合わせの理をイメージする

「重ね合わせの理」は非常にあたりまえのことをいっています．たとえば，オーケストラの演奏を考えてみましょう．ひとつひとつの楽器は，それぞれソロで演奏していますが，それらが重なり合って全体のオーケストラの音として聞こえている…，ということは常識的に理解できると思います．

「重ね合わせの理」的に言い直してみると，ひとつの楽器がソロで演奏され他のすべての楽器が休止している状態，それがすべての楽器でそれぞれソロとして演奏され，（論理的にはおかしな表現だが）すべてのソロ演奏を足し合わせる，つまり「重ね合わせ」すれば，全体のオーケストラの音として聞こえるわけです．

これを電気的に行うものが，電子回路の動きであり，重ね合わせの理となります．

● 重ね合わせの理とは

電気回路理論で重ね合わせの理は，図17のように説明されます．
① 電圧源／電流源を1個ずつ取り付け
② 取り付けた以外の電圧源はその点をショート
③ 取り付けた以外の電流源はその点を開放
④ これで各点の電圧，電流をそれぞれ測定する
⑤ すべての電圧源／電流源を取り付けたときは，それぞれの測定値の和に等しい

図17 重ね合わせの理の基本的な考えかた

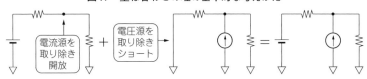

図18 こんな信号増幅＋電圧オフセットを行いたい

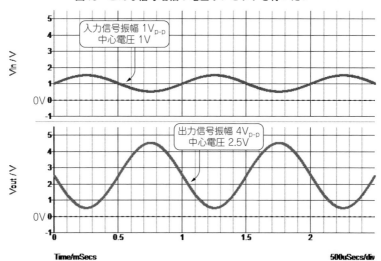

というものです．

なお一般的な電子回路という視点では，電流源を考慮することは稀ですので，上記の②だけを考慮すればよいといえるでしょう．

■ 中心電圧をオフセットさせるにはどうすればよいか

図18のような，信号増幅＋電圧オフセットを行いたいとします．入力信号の交流成分の振幅は$1V_{p-p}$で中心電圧は$1V$です．この振幅を4倍（$4V_{p-p}$）にして，中心電圧を＋$2.5V$にしたいとします．

思えば，20年近く前になるかと思いますが，私はこの信号変換を行うべく，図19の回路の抵抗値と電圧値を算出しようと「あがいて」いました．どうもうまく式を立てることができなかったのです．もう少し言うと，以下に示すような洞察ができずに，適切なモデル化ができなかったのです．当時は（当然ながら）重ね合わせの理は知ってはいましたが，そのときにそれが使えることに気がつかなかったのです．

それからだいぶ経った後に，「そうだ，重ね合わせの理だ」と気がつきました．

■ 重ね合わせの理を使ってまずは入力信号の増幅率を考える

さて，図19の回路で，少なくとも交流成分の振幅を4倍（$4V_{p-p}$）にしたいのであれば，R_1とR_2の比を1対4にすればよいだろうことは最初に気がつくでしょう．つまり，

図19 図18の動作を実現するOPアンプ回路

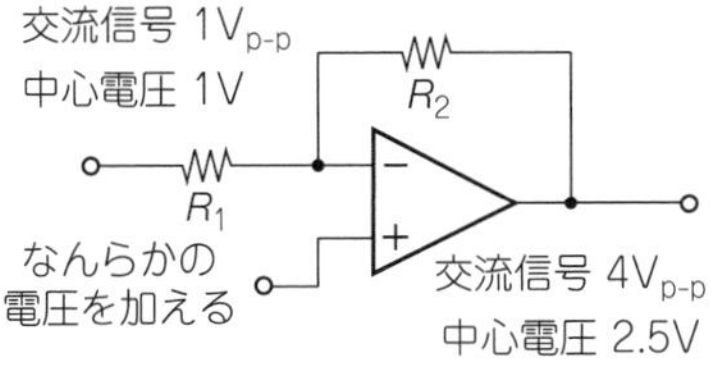

$$A_{inv} = -\frac{R_2}{R_1} = -\frac{4\,k\Omega}{1\,k\Omega} = -4$$

この考えかたは，実はすでに重ねあわせの理を応用しており，もともとの入力信号を，その交流成分（1 V_{p-p}）と直流成分（+1 V）に分けているのです．1 V_{p-p} の交流成分だけが回路に加わっていることでまず考えているわけです．

重ね合わせの理で重要なポイントは，「その他の電圧源は電圧ゼロV」だと考えることです．**図19**の回路ではとくに，非反転入力端子の電圧をゼロVにすることが重要です．しかしここでの本質的問題は，中心電圧つまり直流成分を+1Vから+2.5Vにシフトするには「非反転入力端子に何Vを加えればよいか？」ということです．ここに重ね合わせの理が「はまりすぎる」ように活用できます．詳しくは次項で説明します．

ところで，回路理論では電圧源を「抵抗ゼロの素子」として考えます．これも回路理論でよく出てくる基本的な決まりごとですが，重ね合わせの理でもこの考えかたが用いられています．重ね合わせの理では「電圧源を取り除いた箇所はショート」としますが，「その端子間がショートされた状態」というのは，ゼロVの電圧源が接続されたのと同じなわけです．まさしく基本は同じなわけです．

なお，重ね合わせの理として取り除くものが電流源なら，そのポイントは開放です（**図17**のとおり）．

● 実際に回路を製作して1V_{p-p}の交流成分だけを加えてみる

「1 V_{p-p} の交流成分だけ」を考えれば，**図19**の回路は**図20**のように考えることができます．この**図19**，**図20**に相当する回路を，手持ちのOPアンプAD8666を使って実際に製作してみました．

図20 図19の回路で重ね合わせの理を基本に1V$_{p-p}$の交流成分だけで考える

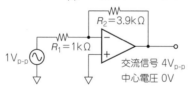

図21 図19の回路に1V$_{p-p}$の交流成分「のみ」が加わったときの波形(上：入力, 下：出力)

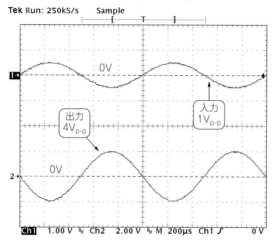

● AD8666：オペアンプ，デュアル，16V 4MHz，レールtoレール出力

http://www.analog.com/jp/ad8666

【概要】
　AD866xファミリは，最大16Vの電源電圧と拡張動作範囲を特長とする単電源動作の低ノイズ，レールtoレール出力アンプです．低入力バイアス電流，広信号帯域幅，低入力電圧/電流ノイズといった特長も備えています．オフセット電圧を低くしたい場合は，AD8661/AD8662/AD8664ファミリを選択してください．低オフセット，超低入力バイアス電流，広い電源電圧範囲を併せもつこのアンプは，通常は高価なJFETアンプが利用されている，コストに敏感な各種低価格アプリケーションに最適です．(後略)

　図20の回路では，抵抗は3.9kΩと1kΩでほぼマイナス4倍の増幅率になっています．

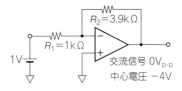

図22 図19の回路で重ね合わせの理を基本に1Vの直流成分だけで考える

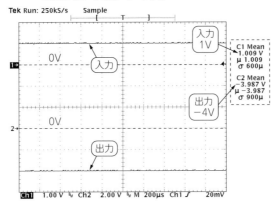

図23 図19の回路に+1Vの直流成分「のみ」が加わったときの波形（上：入力，下：出力）

製作した実際の回路に，$1V_{p-p}$の交流成分だけを加えてみると，**図21**のように，確かにほぼ$4V_{p-p}$に増幅された信号が得られています．**図21**の上側の波形が入力の$1V_{p-p}$の信号，下側の波形が出力の$4V_{p-p}$の信号です．これはあたりまえな回路動作ですね．

● 実際の回路にプラス1Vの直流電圧だけを加えてみる

つづいて製作したAD8666のOPアンプ回路に，**図22**に相当する+1Vの直流成分だけを加えてみると，このとき**図19**の回路は**図22**のように考えることができます．測定結果としても**図23**のように，確かに-4Vの電圧が得られています．**図23**の上側の波形が入力の+1V，下側の波形が出力の-4Vです．反転増幅なので当然ながら「マイナス」4Vが得られています．

目的としてはこの-4Vが，目的の中心電圧である+2.5Vになるようにすることです．そうなるように**図19**の回路の非反転入力端子に電圧を加えればよいわけです．そうするとここで，「非反転入力端子に何Vを加えればよいのか？」と最初の話に戻るわけです．

■ 非反転入力端子に何Vを加えればよいのか

　この「非反転入力端子に何Vを加えればよいのか？」というのが，重ね合わせの理の真骨頂といえるでしょう．もともとの中心電圧であるプラス1Vを入力に加えて得られる出力電圧レベル－4Vが，「非反転入力端子にも電圧を加える」ことによって＋2.5Vになるようにすればよいわけですから，この変化量は＋6.5Vとなります．

　つまり，非反転入力端子になんらかのプラス極性の電圧を加えて，これが非反転増幅（その増幅率がどれほどかは続いて考えるとして）された結果が＋6.5Vとなればよいわけですね．

● 非反転入力端子に加わる直流電圧だけを考えてみる

　ここでも重ね合わせの理を用います．図19において非反転入力に加える電圧以外の他の電圧源は電圧ゼロVだと考えます．ここで非反転入力になんらかの電圧を加え，出力が＋6.5Vになる条件を考えます．この状態の回路は図24のようになります．この回路は基本的な非反転増幅回路ですね．

　抵抗値は$R_1 = 1\,\mathrm{k}\Omega$，$R_2 = 3.9\,\mathrm{k}\Omega$で，出力を＋6.5Vとするための入力電圧を$V_{in}$とすれば，

$$6.5\,\mathrm{V} = A_{noninv} \cdot V_{in} = \left(1 + \frac{R_2}{R_1}\right) \cdot V_{in} = \left(1 + \frac{3.9\,\mathrm{k}\Omega}{1\,\mathrm{k}\Omega}\right) \cdot V_{in} \doteqdot 5 \times V_{in}$$

となり（3.9/1を4として計算した），

$$V_{in} = 6.5 \div 5 = 1.3\,\mathrm{V}$$

と計算できます．ここで，A_{noninv}はこの回路の非反転増幅率で，次式で求められます．

$$A_{noninv} = \left(1 + \frac{R_2}{R_1}\right)$$

　つまり，この回路で＋6.5Vの出力を得るためには，回路を非反転増幅回路と考え，非反転入力に1.3Vを加えればよいことがわかります．

　これと，反転入力に加わる直流成分の＋1Vが出力に現れる－4Vとが「重ね合わさり」，－4V＋6.5V＝2.5Vが得られることになるわけですね．

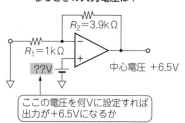

図24　非反転増幅回路で出力が＋6.5Vになるときの入力電圧は？

● 実際の回路で重ね合わせを確認してみる

図20の実際の回路を修正して,図24のようにしてみました.反転入力端子に接続されているR_1の入力はグラウンドに落として,ゼロVとしてあります.非反転入力に1.3Vを加えたときの波形を図25に示します.確かに出力が+6.5Vになっています.

つづいてこのままで,R_1の入力に,本題である「中心電圧1Vの交流1V_{p-p}」を加えてみます.いよいよ,これこそ「重ね合わせ」ですね.波形を図26に示します.得られた出力は4V_{p-p}で目的の振幅であり,中心電圧もめでたく+2.5Vになっています.

ところで図19の回路では,交流成分の極性が逆転してしまいます.これが嫌な場合は,この回路の前に増幅率マイナス1倍の反転増幅回路を挿入し,非反転入力の電圧を計算しなおします.

■ ディファレンス・アンプというアンプがある

アナログ・デバイセズでの製品カテゴリのなかに「ディファレンス・アンプ(Difference Amp;差電圧アンプ)」というものがあります.ディファレンス・アンプのカテゴリページに記載してある説明文を引用してみますと,

> ディファレンス・アンプは差動信号を測定するために開発された特殊なアンプで,減算器とも呼ばれます.ディファレンス・アンプの大きな特長は,同相ノイズ除去(Common-Mode Rejection:CMR)と呼ばれる方法で不要な同相信号を除去できるこ

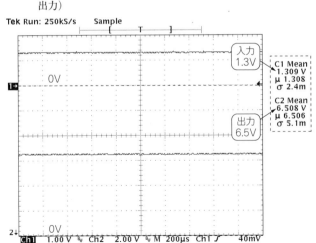

図25 図24の状態に相当する条件での実回路の波形(上:入力,下:出力)

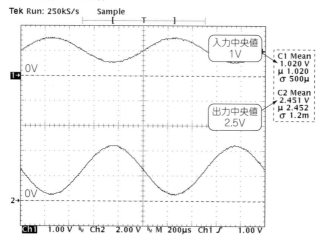

図26 すべての入力信号を加えたとき（出力が＋2.5Vを中心とするように非反転入力端子に＋1.3Vを加えたとき）の波形（上：入力，下：出力）

とです．他のほとんどのタイプのアンプと異なり，ディファレンス・アンプは一般的に電源レールを超える電圧を測定でき，大きなDCまたはAC同相電圧が存在するアプリケーションに使われます．アナログ・デバイセズは，低歪み，低消費電力，あるいは高電圧などの性能を実現できるように最適化された，さまざまなディファレンス・アンプを提供しています．

というものです．文章だけだと理解しづらいと思いますので，そのひとつAD8479という製品のコンセプト図を図27に紹介しておきます．この接続は電子回路分野の一部では「差動アンプ」と紹介されていますが，アナログ・デバイセズでは（基本的に）出力も差動出力になっているものを「差動アンプ」と呼び，反転入力側と非反転入力側が対称にバランスしている構成が主です．図27のような構成は，それらとは別ものとして「ディファレンス・アンプ」と呼んでいます．ディファレンス・アンプはシングルエンド出力になっていることもポイントです．

■ ディファレンス・アンプを重ね合わせの理の視点で考える

図27に紹介したディファレンス・アンプ（AD8479）は，図28のような基本回路で，「ディファレンス（difference；差分）」のとおり，入力端子間の差分量，差電圧（差動信号とも言える）を検出できるものです．増幅率は抵抗の比で決まりますが，これは以降で重ね合わせ

図27 ディファレンス・アンプの一例（AD8479のコンセプト図）

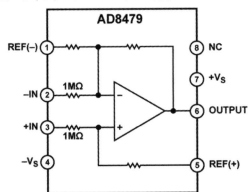

図28 ディファレンス・アンプの接続

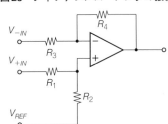

の理の応用として詳しく説明していきます．

またREF入力端子というものもあり，ここに加える電圧で出力電圧にオフセットをかけることができます．

● 具体的に重ね合わせの理を使ってみる

ディファレンス・アンプの入力間の差電圧が出力に現れるしくみも，重ね合わせの理を使えば，簡単かつ適切に解析できます．

まずはグラウンド基準で各入力端子の電圧を考え，非反転入力端子をV_{+IN}[V]，反転入力端子をV_{-IN}[V]としてみます．REF入力端子の電圧もV_{REF}[V]としてみます．これらの電圧値に相当する記号も図28に表記しています．

本節の前半の話と同じストーリ展開ですが，重ね合わせの理を用いて，まずは図28の回

路の反転入力端子に電圧 V_{-IN} だけが加わっていることを考えます．繰り返しになりますが，重ね合わせの理で考えるときの重要なポイントは，他の電圧源は電圧ゼロ V だと考えることです（ショート状態と同じ．なお電流源なら開放）．つまり，非反転入力端子の電圧 V_{+IN} と REF 入力端子の電圧 V_{REF} はゼロ V にします．

それでは実際に計算してみましょう．V_{-IN} のみが加わっている状態で出力に現れる電圧 V_{-O} は，

$$V_{-O} = -\frac{R_4}{R_3} \cdot V_{-IN} = -\frac{3.9 \text{ k}\Omega}{1 \text{ k}\Omega} \cdot V_{-IN} = -3.9 \times V_{-IN}$$

です．出力の極性が反転しています．また，数字は抵抗に $R_3 = 1 \text{ k}\Omega$ と $R_4 = 3.9 \text{ k}\Omega$ が使用された一例です．先ほどは「ざっくりと」−4 倍としてしまいましたが，ここでは精度が重要なので真面目に 3.9 として計算しています．

つづいて，V_{+IN} のみが加わっている状態では（他の電圧源は取り除き，ショートして），まず OP アンプの非反転入力端子では V_{+IN} が抵抗 R_1 と R_2 で分圧され，

$$\frac{R_2}{R_1 + R_2} \cdot V_{+IN}$$

これが非反転増幅回路の帰還抵抗 R_3 と R_4 で，

$$\frac{R_4}{R_3} + 1$$

倍に増幅されます．これにより出力に現れる電圧 V_{+O} は，

$$V_{+O} = \left(\frac{R_4}{R_3} + 1\right) \cdot \frac{R_2}{R_1 + R_2} V_{+IN} = \frac{R_4 + R_3}{R_3} \cdot \frac{R_2}{R_1 + R_2} V_{+IN}$$

です．ディファレンス・アンプとしては，

$R_1 = R_3, \ R_2 = R_4$

として構成しますので，

$$V_{+O} = \frac{R_2 + R_1}{R_1} \cdot \frac{R_2}{R_1 + R_2} V_{+IN} = \frac{R_2}{R_1} V_{+IN}$$

ここに，$R_1 = R_3 = 1 \text{ k}\Omega$ と $R_2 = R_4 = 3.9 \text{ k}\Omega$ の抵抗が使用されれば，出力には反転入力に V_{-IN} が加わったときと同じ増幅率（= 3.9），かつ極性が反対の（入出力間が反転しない）電圧 V_{+O} が得られます．

このふたつ，V_{+O} と V_{-O} とが重ね合わさると，

$$V_{+O} + V_{-O} = \frac{R_2}{R_1} V_{+IN} - \frac{R_2}{R_1} V_{-IN} = \frac{R_2}{R_1}(V_{+IN} - V_{-IN})$$

となり，入力端子間の差電圧（difference）が得られることがわかります．答えは「差電圧の 3.9 倍（先の抵抗値の場合）」です．なるほど，ここでも「重ね合わせの理」ですね．

● REF端子も重ね合わせの理を使ってみる

つづいてREF端子の影響を見てみましょう．重ね合わせの理の考えかたから，OPアンプのREF端子にのみ V_{REF} が加わっているとします．他の電圧源は取り除き，ショートします．REF端子の電圧 V_{REF} は抵抗 R_1 と R_2 で分圧されますが，V_{+IN} の場合と異なり，R_1 の両端の電圧として電圧値が決まります．そのため，

$$\frac{R_1}{R_1 + R_2} V_{REF}$$

これが非反転増幅回路の帰還抵抗 R_3 と R_4 で，

$$\frac{R_4}{R_3} + 1$$

倍に増幅されます．これにより，出力に現れる電圧 V_{REFO} は，

$$V_{REFO} = \left(\frac{R_4}{R_3} + 1\right) \cdot \frac{R_1}{R_1 + R_2} V_{REF} = \frac{R_4 + R_3}{R_3} \cdot \frac{R_1}{R_1 + R_2} V_{REF}$$

です．先と同じで，ディファレンス・アンプとしては，

$$R_1 = R_3, \quad R_2 = R_4$$

として構成しますので，

$$V_{REFO} = \frac{R_2 + R_1}{R_1} \cdot \frac{R_1}{R_1 + R_2} V_{REF} = \frac{R_1}{R_1} V_{REF} = V_{REF}$$

となり，出力にはREF端子の電圧 V_{REF} がそのまま得られることがわかります．結局，これが「重ね合わせの理」で，他の電圧源ごとから得られる出力電圧と足し算されて，実際の出力が得られるわけです．

● ゲインを切り替えられるディファレンス・アンプAD8274で実験してみる

面白いデバイスとして図29のAD8274というアンプがあります．これは，入力側に12kΩを配置すれば1/2倍のゲイン，逆に6kΩを配置すれば2倍のゲインを実現できるという，ちょっとした可変ゲインを実現できるものです．データシートを見てみると，ディファレンス・アンプの使用方法以外にも，反転アンプや非反転アンプの例も載っています．内部抵抗はレーザ・トリムされた高精度薄膜抵抗なので，それこそ意外かつ多岐な「高精度増幅回路」としての活用方法が考えられそうです．

このディファレンス・アンプAD8274の回路の動きを，ここでも実際に回路を製作して実動作で確認してみます．実験回路は図30のとおりです．$G = 1/2$ 倍のゲインとしてみました．それぞれの信号レベル，電圧レベルも回路図中に記載しました．

この回路で V_{CM} は（よくディファレンス・アンプが応用される例としての）コモンモード・ノイズ，つまり「不要信号」に相当します．これは前節でも説明したものです．そこで，

図29 ちょっと面白い構成ができるディファレンス・アンプAD8274のコンセプト図

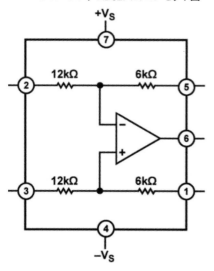

図30 AD8274を用いた実験回路 ($G = 1/2$)

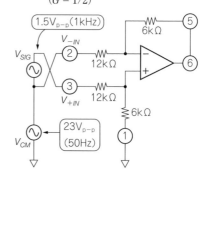

誘導によるコモンモード・ノイズの原因になることの多い商用電源100 Vを，トランスで23 V_{p-p}に電圧降圧して，V_{CM}として利用してみました．「この回路で商用電源の誘導がキャンセルできます」というイメージです．

実験によって得られた波形を図31に示します．上の波形が入力3番ピンの$V_{SIG} + V_{CM}$，下の波形が6番ピン（出力）の信号です．V_{SIG}の1.5 V_{p-p}の振幅が1/2で出力に現れ，23 VのV_{CM}はキャンセルされて出力に出ていません．この結果から，回路がここまでの説明のとおり動いていることがわかりますね．

■ 各端子の駆動には実は注意が必要
● 信号源側から見ると入力抵抗が異なっているので駆動には注意が必要

図28や図30の回路で注意すべき点は，V_{+IN}入力とV_{-IN}入力をそれぞれ電圧源（信号源）側から見ると，入力抵抗（入力インピーダンス）が異なっていることです．信号源インピーダンスが大きい場合とか，信号源が差動出力かつアンバランスになっている場合に問題が生じる可能性があります．

図28で考えると，V_{+IN}入力を見た入力抵抗R_{+IN}は，
$$R_{+IN} = R_1 + R_2$$
となり，図30のAD8276の回路では18 kΩです．

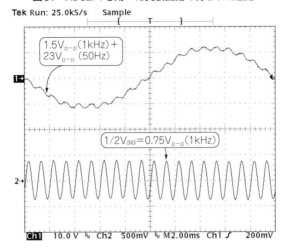

図31 AD8274を用いた実験回路で得られた波形

一方，V_{-IN}入力を見た入力抵抗R_{-IN}は，$V_{+IN}=0\,\mathrm{V}$の場合，

$$R_{-IN}=R_3$$

で，図30の回路では12kΩです．それぞれ大きさが違いますね．$R_{-IN}=R_3$として計算できるのは，OPアンプの非反転入力端子の電圧がゼロだとすると，フィードバックでできる仮想ショートにより反転入力端子の電圧もゼロとなり，V_{-IN}はすべてR_3に加わると考えることができるからです[注2]．

ここで，図32のような電圧源V_{SIG}，V_{CM}に，それぞれ直列抵抗R_{SIG}，R_{CM}があった場合は，
(1) R_{+IN}とR_{-IN}の大きさが異なること
(2) R_{SIG}，R_{CM}が非反転回路系統，反転回路系統それぞれの増幅率に異なる影響度を与えてしまうこと
から「V_{SIG}を正確な増幅率で増幅できない」，「本来は増幅率ゼロであってほしいV_{CM}が出力に現れてしまう」などの問題が生じてしまいます．

このあたりの話題は長くなりそうなので，次節の話題として取り上げています．ここではともあれ，「このような問題があるんだ」とご理解いただければと思います．

注2：V_{SIG}，V_{CM}から入力抵抗を考える方法もある．そのほうが現実的とも言える．

図32 電圧源直列抵抗があると入力抵抗のアンバランスにより得られる結果に誤差が生じる

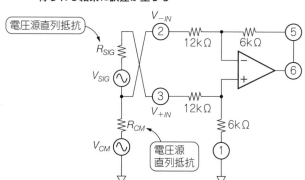

● REF端子の駆動には特に注意が必要

　上記と同じことがREF端子にもいえます．図33のようなかたちで，抵抗分圧によりREF端子の電圧を安易に決めてしまうケースがあるのではないでしょうか．

　図33のように描かれていれば，「影響しそうだ」と直感的にも考えるでしょうが，図27のように図が描かれ，また図に内部回路が表記されていない場合などにけっこう「やってしまいがち」なことでしょう．

　また，ディファレンス・アンプ回路が内蔵されている「計装アンプ」にもこのREF端子があり，まったく同じように誤差要因となります．計装アンプを使うケースのほうが多いと思いますので，十分に注意していただきたいと思います．

　さて，ここでもAD8274を例にして考えてみます．図33の接続は図30と同じで，入力側を12kΩにして1/2のゲインのディファレンス・アンプにしてあります．

　この場合は図34のような等価回路になります．AD8274のREF端子から見るとREF端子電圧を作る抵抗分割回路は，「テブナンの定理」という回路理論計算により，5Vの電圧源と5kΩの直列等価抵抗R_{SER}となります．この等価抵抗R_{SER}の計算は，二つの分圧抵抗10kΩの並列接続に相当します．

　この「テブナンの定理」も重ね合わせの理とならぶ，OPアンプ回路で活用できる重要定理です．

　こうなると，なんと！　図28においてREF端子であるR_2に，直列にR_{SER}が接続されてしまうのです！　図34の等価抵抗R_{SER}がディファレンス・アンプにおいて誤差になります．

　このR_{SER}が，先のV_{+O}の計算式に追加されることにより，

図33 AD8274のREF端子の駆動電圧を安易に抵抗分割で設計してしまうことがある

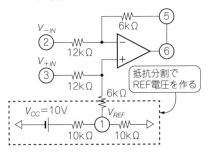

図34 REF端子の駆動電圧を抵抗分割で作るとテブナンの定理で増幅回路の抵抗成分となり誤差が生じる

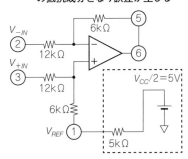

$$V_{+O} = \frac{R_4 + R_3}{R_3} \cdot \frac{R_2 + R_{SER}}{R_1 + R_2 + R_{SER}} V_{+IN}$$

となって誤差が生じ，その結果，出力電圧にも誤差が生じることになってしまいます．また，「不要信号」に相当するコモンモード電圧 V_{CM} も正しくキャンセルできなくなってしまいます．これは大きな問題ですね．

この誤差をなくすためには，R_{SER} をゼロに（もしくは他の抵抗値から無視できるほど小さく）すればよいわけです．ベストな方法は，REF入力端子をOPアンプなどのバッファで駆動すること，あるいは十分に低い抵抗値（誤差を無視できるまで小さく）で分圧回路を構成することです．

まとめ

この節では「重ね合わせの理」がOPアンプ回路で活用できるという話をしました．学校で（電気/電子系の学科の人は）実用的な意味もわからず（という人もいらっしゃるかな？…という意味で…）習った「重ね合わせの理」が，現実の回路でとても便利に使えることがわかったかと思います．

その「重ね合わせの理」の使いみちの一例として，ディファレンス・アンプ（Difference Amp；差電圧アンプ）を考察してみました．それぞれの電圧源ごとに分割して考えていくことで，見通しのよい回路解析が可能なこともわかったのではないでしょうか．

また，ディファレンス・アンプを使用する場合の実務上の注意点として，信号源そしてREF端子の駆動源に存在する，信号源インピーダンス（出力インピーダンス/電圧源直列抵抗）について，十分に考慮すべきということも理解いただけたかと思います．よく使う計装アンプも，REF端子の構成はここで示したものと同じですので，計装アンプで設計する

場合も同様に注意が必要です．

次節では，ここまで解析できるようになったこのディファレンス・アンプの電圧源（信号源）直列抵抗による生じる誤差や，周波数特性など，より深いところに踏み込んでみます．

4-3 ディファレンス・アンプでのCMRR特性と信号源の構成との関係

前節では「重ね合わせの理（Superposition Theorem）」から始まり，それをディファレンス・アンプにどのように適用していくかというお話をしてきました．

ここでは，そのディファレンス・アンプを現場視点でより深く見ていき，ディファレンス・アンプの使いかた，そしてその限界，さらにその限界をブレークスルーする「計装アンプ」というストーリーで進めていこうと思います．

■ ディファレンス・アンプはコモンモード電圧をどれだけ抑制できるかが重要

ディファレンス・アンプは，「ディファレンス（difference；差分）」のとおり，入力端子間の差分量，つまり差電圧（差動信号とも言える）を検出できるものです．この差電圧検出は，図35のような電圧関係で差電圧V_{SIG}を，

$$A_{diff} = \frac{V_O}{V_{SIG}}\bigg|_{V_{CM}=0}$$

として増幅するものです．この式表現を説明すると，「｜」より右は，「コモンモード電圧$V_{CM} = 0$の条件で」という意味です．

しかし現実には，差電圧V_{SIG}のみを理想的に検出することはできず，本来影響を受けてはいけないコモンモード電圧V_{CM}によって出力が変化してしまう状態（問題）が生じます．

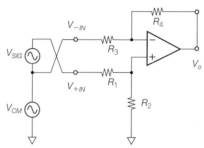

図35 ディファレンス・アンプの入力電圧関係

4-3 ディファレンス・アンプでのCMRR特性と信号源の構成との関係

つまりディファレンス・アンプとしては「コモンモード電圧V_{CM}をどれだけ抑制できるか」が重要だということです．これはよく使う計装アンプでも同じです．

これまでも何度も出てきましたが，コモンモード電圧V_{CM}は「共通／同相」という意味のとおり，ふたつの入力端子に共通に加わる電圧です．端子間電圧を引き算して差電圧として検出するディファレンス・アンプでは，キャンセルされるべきものです．

● コモンモード除去比を定義する

ディファレンス・アンプがコモンモード電圧V_{CM}を抑制できる能力が「コモンモード除去比」$CMRR$です．$CMRR$は本章の前半でも説明しました．ディファレンス・アンプで$CMRR$は図36のように，V_{SIG}が出力に増幅される増幅率A_{diff}と，本来出力に現れてほしくないV_{CM}が出力に現れてしまう率A_{comm}（考えかたからすればA_{diff}と同じ増幅率だが，抑圧率とも呼べる），

$$A_{comm} = \frac{V_O}{V_{CM}} \bigg|_{V_{SIG}=0}$$

との比

$$CMRR = \frac{A_{diff}}{A_{comm}}$$

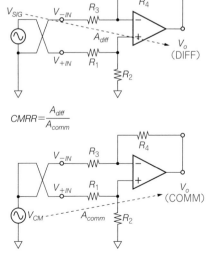

図36　CMRRの定義

「スーパーポジション」が「重ね合わせ」なのはちょっと不思議

 とある日,とある人(仕事関係の人ではありません…)が私の書いた文書を見て,「きみきみ,『セミナ』ってのはおかしくないか?『セミナー』って伸ばすのが普通だろう.何かと思ったぞ(笑)」と言われました.なお「ー」は「長音記号」というそうですね.

 技術系の人は「ナー」と伸ばさないのが主流というか,とくに技術/学術系では「そのようにすべき」と指摘されることも多いかと思います.たとえば,「コンピュータ(ー)」,「レジスタ(ー)」「コンパイラ(ー)」などなど.ああ,なぜか計算機用語を出してしまいましたね(笑).「キャパシタ(ー)」「インダクタ(ー)」などもそうですね.おお,「トランジスタ(ー)」や「コンバータ(ー)」もですね!

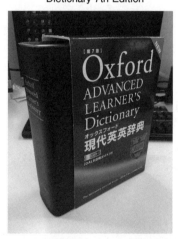

写真A Oxford Advanced Learner's Dictionary 7th Edition

 そのときは「思えばトコトン技術系だなあ…」と自らを思いつつ,「これは失礼しました! 修正します」とその方にはお話ししました.

 さて「重ね合わせ」は,英語では「スーパーポジション」です.superpositionということで,1ワードなので,「スーパ・ポジション」ではなく,長音記号が入ったままの「スーパーポジション」なのです.これは電気/電子回路屋としては覚えておくとよい英単語でしょう.しかし私は初めて聞いたとき,とても違和感がある単語でした.「超位置」なんて直訳できるわけですからね.それこそ"Superman"なんて単語もあるわけですから.「なんで英語ではスーパーポジション?」と思うわけですが,本書を書くために,机の左奥に鎮座していた(「している」ではなく…,不活性の意味を

として表されます.理想的には$A_{comm} = 0$ですから,$CMRR = \infty$になります.しかし,これが回路構成などの不完全性により,出力に現れてほしくないコモンモード電圧V_{CM}が出力に漏れ出し,ノイズになったり検出信号に誤差を与えたりすることになります.

 このようすを引き続き見てみましょう.

COLUMN

こめて「していた」と表現した),**写真A**の辞書を引っぱり出してみました.アナログ・デバイセズ入社時に購入した,Oxford Advanced Learner's Dictionary 7th Edition(オックスフォード現代英英辞典[第7版][9])です.このp.1739に書いてありました.

super- combining form

2 (in nouns and verbs) above; over.

これは「連結形.第2の用法として.名詞と動詞.above,over(の意味)」ということです.1には extremely; more or better than normal とありますので,こちらがいわゆる日本人が普通に用いる「スーパー」ですね.このように考えればスーパーポジションは,「その位置の上に」つまり「重ね合わせる」という意味にたどり着きます.そういえば「字幕スーパー」も superimpose から来ていますね[10].これも重ね合わせる的な意味で,そのOxford Advanced Learner's Dictionary では,p.1740 に

super-im-pose

1 to put one image on top of another so that the two can be seen combined.

とあり,訳してみると「ひとつの画像を別の画像の上に置き,それらふたつが結合したかたちで見えるようにする」という感じでしょうか.

superposition も同辞書で調べてみると,superpose の派生語として p.1741 に

super-pose

(verb) to put something on or above something else. ▶**super-pos-ition** (noun)

と説明があります.もともとは superpose という動詞(verb)から派生した[「▶」はこの辞書では,派生語(derivative)の開始位置を表している]名詞(noun)となっています.position 自体から由来しているわけでもなさそうです….

● コモンモード除去比が有限値になる理由を考えてみる

図35や図36において,ディファレンス・アンプとして出力に現れる電圧 V_O は,

$$V_O = \frac{R_4 + R_3}{R_3} \cdot \frac{R_2}{R_1 + R_2} V_{+IN} - \frac{R_4}{R_3} V_{-IN}$$

です.ここで V_{+IN},V_{-IN} は,それぞれの入力端子の電圧です.さらにここで,

$R_1 = R_3$, $R_2 = R_4$
として構成しますので，

$$V_O = \frac{R_2}{R_1}(V_{+IN} - V_{-IN})$$

となるわけですが，この$R_1 = R_3$，$R_2 = R_4$が「曲者」なわけです．少なくとも「それぞれ異なる素子」ですから，ぴったりイコールにはなりません…．

■ 周辺素子による CMRR 低下のようすをシミュレーションで確認してみる

● OPアンプ・モデルを数学モデル Laplace Transfer Function にしてみた

ディファレンス・アンプにおける CMRR の劣化を，シミュレーションを使って考えてみましょう．純粋な理論的状態を確認するため，使用するOPアンプのモデルは実際のOPアンプ・モデルを使わず，ADIsimPEに内蔵されている Laplace Transfer Function という数学モデルを使います[注3]．このモデルでの伝達関数をラプラス変換のかたちで

$$H(s) = \frac{1 \times 10^8}{\frac{s}{6.283} + 1}$$

としてみました．これは，オープンループDCゲインが1×10^8，GB積は 100 MHz，-3 dBの周波数が 1 Hz（角周波数で 2π rad/sec $\approx$ 6.283 rad/sec）となるものです．「ホントかいな？」ということで，図37のように回路を組んでオープンループ・ゲインのシミュレーションをしてみました．このシミュレーションの方法は Laplace Transfer Function という理想的モデルだからできるもので，実際のOPアンプの場合は，このようにループを開いたかたちでのシミュレーションはできません（入力オフセット電圧などで出力が振り切れるため）．

実際のOPアンプの場合のシミュレーション方法は，「ミドルブルック法[3]」というものを用いる必要があります．

図38のシミュレーション結果から，OPアンプ・モデルとして正しく構成されていることがわかりました．

● この OP アンプ・モデルを使って CMRR をシミュレーションできる回路を作ってみた

ひとつのシミュレーション・ファイルでCMRRを求めることができる回路を図39に示します．周辺素子のみによる純粋な理論的特性劣化を確認するため，さきの Laplace Transfer

---

注3：LTspiceにおいても，BモデルやEモデル，Gモデルでラプラス変換による表現が可能となっている．

図37 Laplace Transfer Functionで作ったOPアンプ・モデルのオープンループ・ゲインをシミュレーションしてみる（普通のOPアンプ・モデルではできないシミュレーション方法）

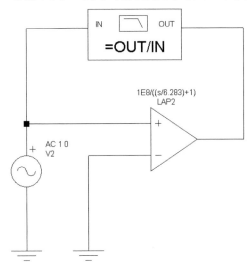

Function OPアンプ・モデルを利用しています．また，ちょっと捻ったかたちで，ボーデ・プロッタを使ってこんな回路を組んでみました．

　AC信号源の振幅を上下それぞれ1 V/0 Vにして，そこから個々にV_{SIG}とV_{CM}のみを供給します．これによってA_{diff}とA_{comm}が得られるので，それをそれぞれボーデ・プロッタINとOUTに接続することで，等価的にCMRRの計算を可能にしています．

　この回路でシミュレーションしてみました．しかし，このままではシミュレーション・エラーになってしまいます．Error : Arguments out of range for operator '/'というメッセージが出ます…．これはボーデ・プロッタで計算するときに「分母がゼロ」になるからです．この分母はA_{comm}であり，理想状態であればA_{comm} = 0です．これでは「ゼロ除算」になってしまい，確かに値が得られないわけですね．

　そこでR_{c1}（下側のOPアンプ・モデルの非反転入力につながっている抵抗）をプラス1 mΩとして，1.000001 kΩにしてシミュレーションしてみました．そうすると，CMRR値として142.3 dB程度が得られ，シミュレーション回路として正しく動作していることが確認できました．

　とはいえ，抵抗が「たった」1 ppmずれるだけで，CMRRが140 dB程度（なおA_{diff}は20 dBある）に低下してしまうわけですね…．

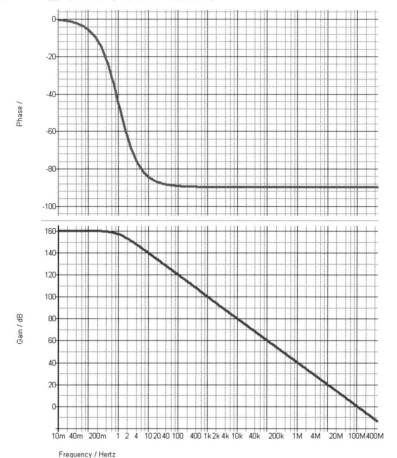

図38 Laplace Transfer Functionで作ったOPアンプ・モデルの周波数特性（上：位相，下：ゲイン，10 mHz 〜 500 MHz）

● **コモンモード電圧の電圧源抵抗は CMRR には影響を与えない**

前節で「信号源側から見ると入力抵抗が異なっているので駆動には注意が必要」というトピックと，「長くなりそうなので次節の話題として取り上げたい」ということをお話ししました．

そこで以降のストーリーとして，まずはコモンモード電圧 V_{CM} の電圧源抵抗（以降「コモンモード電圧源抵抗 R_{CM}」と呼ぶ）の影響，つづいて差電圧 V_{SIG} の信号源抵抗（以降「差電

4-3 ディファレンス・アンプでのCMRR特性と信号源の構成との関係

図39 CMRRをシミュレーションしてみる回路

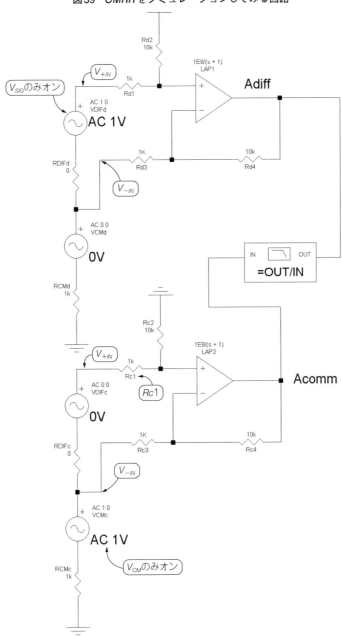

図40 コモンモード電圧源抵抗が影響を与えないことを検証してみる回路

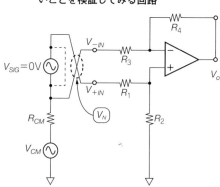

圧源抵抗R_{DIF}」と呼ぶ)の影響というように進めていきたいと思います．

まずは，コモンモード電圧源抵抗R_{CM}の影響を見てみましょう．すでに図39でCMRRのシミュレーション回路を紹介しましたが，この回路図での電圧源抵抗値を見てみると，

$R_{CM} = 1\,\mathrm{k\Omega},\ R_{DIF} = 0\,\Omega$

としてありました．この条件でCMRRのシミュレーション結果が「ゼロ除算」，つまり無限大だったわけなので，コモンモード電圧源抵抗R_{CM}はCMRRに影響を与えないだろうことが予測できます．

これをどのように考えればよいかを，図28や図39からの変形として図40で見てみましょう．ここで$V_{SIG} = 0\,\mathrm{V}$, $R_{DIF} = 0\,\Omega$とすれば，V_{+IN}とV_{-IN}の間がショートに相当します．コモンモード電圧源抵抗R_{CM}の大きさや電圧V_{CM}自体の大きさに関係なく，このショートされた点の電圧をV_Nと再定義してみます．

OPアンプの入力は仮想ショートになりますので，R_1とR_3にはV_Nから同じ電流が流れることになります($R_1 = R_3$であるため)．この電流がそれぞれR_2とR_4に流れていくことになりますが，ここでも$R_2 = R_4$であり，それぞれに流れる電流量も同じです．R_2で生じる電圧降下(回路全体としては出力電圧が上昇する方向に生じる)と，R_4で生じる電圧降下(同じく出力電圧が下降する方向に生じる)が相互に打ち消しあい，OPアンプ出力には電圧は現れない，つまり$A_{comm} = 0$となるわけです．

したがって「コモンモード電圧源抵抗R_{CM}はCMRRには影響を与えない」ということです．

● 差電圧源抵抗のほうはCMRRに影響が出てくる

つづいて差電圧源抵抗R_{DIF}の影響を考えてみましょう．まずはシミュレーションで確認

図41 差電圧源抵抗が影響を与えることを検証してみる回路

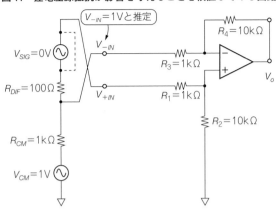

してみます．図39の回路のR_{DIFd}とR_{DIFc}をそれぞれ100Ωとして，R_{CMd}とR_{CMc}はもともとの1kΩのままでCMRRをシミュレーションしてみます．

さて…，CMRR = 42.3 dBとなります！ なんと「たった40 dB程度」になってしまうわけですね．なお，A_{diff}は20 dBありますから，A_{comm}@sim（シミュレーション結果からの値として@simを添え字する）は−22.3 dBしかないわけです…．本来増幅してはいけないコモンモード電圧が10％くらいまでにしか抑圧できないということです．

■ なぜ差電圧源抵抗がCMRRを低下させるか

先のA_{comm}@sim = −22.3 dBの原因，コモンモード電圧の抑圧率が低下する理由を探ってみましょう．上記の説明（R_{CM}がCMRRに影響を与えない）を繰り返すような単純な計算ですが，式にしてみましょう．

図28や図39からの変形として，図41のようにV_{SIG} = 0 V，R_{DIF} = 100Ωとすれば，V_{+IN}とV_{-IN}の間が100Ωで接続となります．

ここで，V_{-IN}の電圧をV_{-IN} [V] としてみます．OPアンプの入力は仮想ショートになりますので，$R_1 + R_{DIF}$とR_3には同じ電圧が加わります．この仮想ショートになっている両入力端子の電圧をV_{VS}とし，非反転入力端子の経路を計算すると，V_{VS}は

$$V_{VS} = \frac{R_2}{R_1 + R_{DIF} + R_2} V_{-IN}$$

となります．R_1 = 1 kΩ，R_2 = 10 kΩ，V_{-IN} = 1 Vとして，それぞれ数値を代入してみると，V_{VS} = 901 mVです．

R_3に流れる電流I_3は，

$$I_3 = \frac{V_{-IN} - V_{VS}}{R_3} = \frac{V_{-IN}}{R_3} - \frac{R_2 \, V_{-IN}}{R_3 \, (R_1 + R_{DIF} + R_2)}$$

であり，同じ量がR_4に流れます．R_4で生じる電圧降下（回路全体としては出力電圧が下降する方向に生じるもの）は，

$$V_{R4} = -R_4 \left[\frac{1}{R_3} - \frac{R_2}{R_3 \, (R_1 + R_{DIF} + R_2)} \right] V_{-IN}$$

となります．ここでV_{VS}とV_{R4}が相互に打ち消しあってほしいのですが，V_{VS}とV_{R4}を足し算して，出力に現れる電圧V_Oを計算してみると，

$$V_O = V_{VS} + V_{R4} = \frac{R_2}{R_1 + R_{DIF} + R_2} V_{-IN} - R_4 \left[\frac{1}{R_3} - \frac{R_2}{R_3 \, (R_1 + R_{DIF} + R_2)} \right] V_{-IN}$$

ここで，$R_1 = R_3$，$R_2 = R_4$であり，$R_1 = 1\,\mathrm{k\Omega}$，$R_2 = 10\,\mathrm{k\Omega}$，$V_{-IN} = 1\,\mathrm{V}$として，それぞれ数値を代入してみると，$V_{SIG}$は$0\,\mathrm{V}$なのですが$V_O = -0.0901\,\mathrm{V}$になります．これは$A_{comm} = -20.9\,\mathrm{dB}$に相当します．これを$A_{comm}@\mathrm{calc}$としましょう．

● 差電圧信号源の増幅率も変化している！

 $A_{comm}@\mathrm{calc}$は，CMRRのシミュレーション結果から計算されたV_{CM}の出力抑圧率$A_{comm}@\mathrm{sim} = -22.3\,\mathrm{dB}$とはぴったり合わないですね…．

 これは，電圧V_{-IN}が$1\,\mathrm{V}$ではなく，R_1，R_2，R_3，R_4，R_{DIF}，R_{CM}により$V_{CM} = 1\,\mathrm{V}$が分圧されるためです．計算せずにシミュレーション（$R_{CM} = 1\,\mathrm{k\Omega}$とする）の結果から見てみると$V_{-IN} = 0.841\,\mathrm{V}$であり，これは$-1.5\,\mathrm{dB}$に相当します．この大きさで式での計算結果を補正すると「$A_{comm}@\mathrm{calc} = -22.4\,\mathrm{dB}$」です…．まだ合いません（汗）．

 この理由は，V_{SIG}が出力に増幅される増幅率A_{diff}（差動ゲイン）も$100\,\Omega$のR_{DIF}により10から少し低下しているからです．このとき$A_{diff} = 9.848$となっており，低下率は$-0.13\,\mathrm{dB}$です．ここも低下するのですね…．

 CMRRのシミュレーション結果から計算された$A_{comm}@\mathrm{sim} = -22.3\,\mathrm{dB}$というのは，$A_{diff} = 9.848$の状態だったのですね．つまり，シミュレーションではA_{diff}が$-0.13\,\mathrm{dB}$低下していたわけです．

 式での計算結果$A_{comm}@\mathrm{calc} = -22.4\,\mathrm{dB}$は$A_{diff} = 10$だと考えていました．シミュレーションで$A_{diff}$が$-0.13\,\mathrm{dB}$低下していたこと，そのぶんで$A_{comm}@\mathrm{sim} = -22.3\,\mathrm{dB}$を補正（$A_{comm}$の分担ぶんが$0.13\,\mathrm{dB}$大きかったとして補正）すれば，$A_{comm}@\mathrm{sim} = -22.4\,\mathrm{dB}$となり，「$A_{comm}@\mathrm{calc} = -22.4\,\mathrm{dB}$」とぴったり正しく整合することになります．

● 差電圧源抵抗が CMRR を低下させるようすを式から考えてみる

 ここまででわかったことは，意外と知られていない／気づかないこととして「差電圧源抵

抗 R_{DIF} が $CMRR$ を低下させる」ということです．差電圧源抵抗は，シャント抵抗での電流検出用途（次に示す電流検出アンプ）では，ディファレンス・アンプが実際に検出すべき電圧量（信号）です．その信号源抵抗で $CMRR$ が変化することは知っておくとよいです．

差電圧源抵抗 R_{DIF} の影響度を求めるため，上記に示した出力に現れる電圧 V_O の式を，$R_1 = R_3$，$R_2 = R_4$ の条件で式変形していくと，次のようになります．

$$\begin{aligned}
V_{VS} + V_{R4} &= \frac{R_2}{R_1 + R_{DIF} + R_2} V_{-IN} - R_2 \left[\frac{1}{R_1} - \frac{R_2}{R_1(R_1 + R_{DIF} + R_2)} \right] V_{-IN} \\
&= \frac{R_2}{R_1 + R_{DIF} + R_2} V_{-IN} - \frac{R_2}{R_1} \left[\frac{(R_1 + R_{DIF} + R_2) - R_2}{R_1 + R_{DIF} + R_2} \right] V_{-IN} \\
&= \frac{R_1 R_2 V_{-IN}}{R_1(R_1 + R_{DIF} + R_2)} - \frac{R_2}{R_1} \left[\frac{R_1 + R_{DIF}}{R_1 + R_{DIF} + R_2} \right] V_{-IN} \\
&= \frac{R_2}{R_1} \left[\frac{R_1 - (R_1 + R_{DIF})}{R_1 + R_{DIF} + R_2} \right] V_{-IN} \\
&= \frac{R_2}{R_1} \left[\frac{-R_{DIF}}{R_1 + R_{DIF} + R_2} \right] V_{-IN}
\end{aligned}$$

この式からわかることは，$CMRR$ を向上させるためには抵抗比として，

$R_{DIF} \ll R_1$，R_2 $(R_1 = R_3, R_2 = R_4)$

とすべきであるということです．

■ ディファレンス・アンプのひとつ電流検出アンプは入力抵抗が高い

ディファレンス・アンプの応用として，「電流検出アンプ」というものがあります．一例として AD8217（**図42**）を挙げてみました．このICは電源を電流検出の非反転入力 V_{+IN} から取るという面白い製品です．

● AD8217：電流シャント・モニタ，高分解能，ゼロ・ドリフト

http://www.analog.com/jp/ad8217

【概要】
　AD8217は，高電圧，高分解能の電流シャント・アンプです．特長としては 20 V/V のゲインを設定でき，全温度範囲でのゲイン誤差は最大で ± 0.35 ％ を備えています．バッファされた出力電圧は，ほとんどの標準的なコンバータに直接インターフェースすることができます．AD8217は 4.5 V～80 V にわたって優れたコモンモード除去を提供し，高電圧レールからこのデバイスに直接電源を与えるための内部LDOを内蔵しています．（後略）

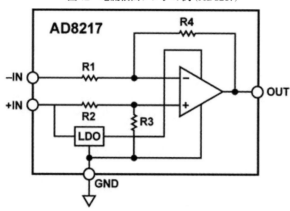

図42 電流検出アンプの例（AD8217）

● 電流検出アンプで用いられている内部抵抗値は大きめになっている

　AD8217のデータシートを見てみると，**図42**の抵抗値は$R_1 = R_2 = 75\ \text{k}\Omega$，$R_3 = R_4 = 1.5\ \text{M}\Omega$となっています．抵抗値として高めになっていますね．また，抵抗も0.01 %でマッチングしていることもデータシートに記載されています．

　これは，ひとつは80 V（AD8217の場合）という高い入力コモンモード電圧範囲を実現していることがありますが，もうひとつとして，上記にも説明した「CMRRを向上させるためには抵抗比として$R_{DIF} \ll R_1,\ R_2$とすべき」ということとも符合していると言えるわけです．

　AD8217はDCで$CMRR = 100\ \text{dB}$ (typ)です．差電圧源抵抗を$R_{DIF} = 100\ \Omega$として，また$V_{-IN} = 1\ \text{V}$として上記の式で計算してみると，出力には1 Vのコモンモード電圧が1.27 mVとして現れ，$A_{comm} = -58\ \text{dB}$となり，これからCMRRは$[26\ \text{dB} - (-58\ \text{dB})] = 84\ \text{dB}$程度と計算できます（この26 dBはAD8217の20 V/Vのゲイン設定に相当）．

　つまり，差電圧源抵抗が100 Ω程度のオーダであれば実用レベルでのCMRRが実現できることになります．一方，この節のこれまでの検討から，差電圧源抵抗とCMRRとの関係を設計時に把握しておくべきことも，おわかりいただけたのではないでしょうか．

　実際には，この節で紹介したような方法でSPICEシミュレーションを用いてCMRRを計算することをお勧めします．それでも，使用する電流検出アンプのSPICEモデルが，内部抵抗誤差や周波数上昇によるCMRRの劣化を適切にモデル化しているか微妙なところもあるでしょう．そのような場合には，**図39**で示したように，他の影響を排除したかたちで理想モデルを組み上げ，理想状態でどのようにCMRRが低下するかを「まず最初に基本状態として」シミュレーションして把握しておくとよいでしょう．

■ 電圧源抵抗を考慮しなくてもよい構成はあるのか

ここまでの話から「電圧源に内在する抵抗が$CMRR$に影響を与えることはわかった」…「それでは，どうすればその内在抵抗を考慮しなくてもよい回路が構成できるのか？」という疑問が生じてくると思います．

● これを解決できるのが完全差動構成の「計装アンプ」

$CMRR$を改善するには「抵抗比として$R_{DIF} \ll R_1, R_2$とすべき」ということをずっと申し上げてきました．極論からすれば，**図28**において，

$R_1 = R_3 = \infty$（ただし，$R_1 = R_3, R_2 = R_4$）

とすればよいだろうことは，これまでの議論からイメージできることでしょう．

これを実現できるのが「計装アンプ（Instrumentation Amp；In-Amp）」と呼ばれるものになります．この回路構成を**図43**に示します．これを「完全差動型」と呼んだりします．この構成でV_{+IN}, V_{-IN}は，初段のそれぞれのOPアンプの非反転入力端子に入力されます．この非反転入力端子がハイ・インピーダンス端子であることから，理想OPアンプだとして考えれば，上記の$R_1 = R_3 = \infty$の構成を実現できることになるわけです．

また，2段目のOPアンプは，これまで考えてきたディファレンス・アンプの構成になっていることもわかりますね．

アナログ・デバイセズでも計装アンプの技術資料として，**写真1**のような「計装アンプの設計ガイド（第3版，全128頁）」という本当に素晴らしい資料[11]があります．これは必読と私も思いますので，ぜひご覧ください．**図43**の回路構成は，この資料の図1-3bから引用したものです．

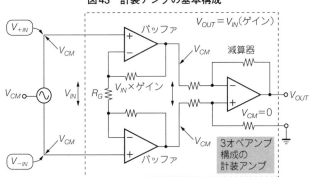

図43 計装アンプの基本構成

写真1　計装アンプの設計ガイド

4-4　ディファレンス・アンプと計装アンプでのCMRR劣化の周波数特性と補償方法

　前節まで，ディファレンス・アンプを現場視点で深く見ていき，ディファレンス・アンプの使いかた，そしてその限界，さらにその限界をブレークスルーする「計装アンプ」というストーリーで説明してきました．

　この節では，ディファレンス・アンプや計装アンプの*CMRR*周波数特性の話題を詳しく見ていきたいと思います．実は本章では，最初からこれをやりたかったのです．

■ ディファレンス・アンプの入力容量による*CMRR*の劣化（抵抗素子はマッチング状態）

　前節では，ディファレンス・アンプの電圧源抵抗による*CMRR*の劣化しか言及できませんでした．

　ディファレンス・アンプ自体に内在する容量として入力容量，外部に寄生する容量とし

4-4 ディファレンス・アンプと計装アンプでのCMRR劣化の周波数特性と補償方法

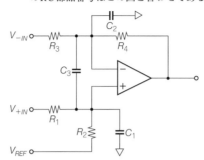

図44 ディファレンス・アンプに入力容量/寄生容量を付加したモデル(以下の説明でのRC部品番号はこの図と合わせてある)

て浮遊/寄生容量(以降,「寄生容量」と表記する)があります.この節では,まずこれらの容量によるCMRRの劣化について考えてみます.実は私も以前から,この寄生容量と,以降に示す補償方法がどのようにつながっているのか,詳細に検討してみたいと思っていたのです.

この検討はディファレンス・アンプそのものだけでなく,計装アンプでも活用できるものです.計装アンプを構成する2段目のOPアンプは,ディファレンス・アンプの構成になっているからです.このようすは図43を参照ください.

それでは本題に移りましょう.あらためてお話ししておくと,CMRRが劣化するということは,本来出力に出てほしくないコモンモード電圧が信号出力として観測されてしまう,望ましくない状態です.

図44にディファレンス・アンプ周辺に付帯する入力容量/寄生容量それぞれを,おのおのの端子に対してひとつの等価容量として表現したものを示します.それぞれの入力からグラウンドに接続されるC_1, C_2, また端子間に接続されるC_3として,これらの入力容量/寄生容量を表しています.

前節の理想状態でのCMRRのシミュレーション回路(図39)に,この容量を付加したかたちで,ADIsimPEでシミュレーションをしてみます.変更したシミュレーション回路をあらためて図45に示します.

● 対地静電容量がマッチしているならCMRRの劣化は限定的

まず,グラウンドに接続される静電対地容量C_1, C_2(図44の部品番号で説明している.「対地静電容量」…だなんて強電用語を使ってみた)を0 pF～100 pF, 20 pFステップで変化させてシミュレーションしてみました.

図45 入力容量が*CMRR*に与える影響をシミュレーションしてみる回路（本節より ADIsimPE ver.8.0 を使用したのでこれまでと画像が若干異なる）

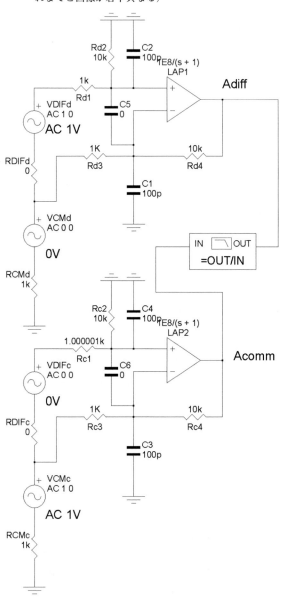

図46 対地静電容量を付加したときのCMRR劣化の周波数特性（図44のC_1, C_2を同値で0 pFから100 pFまで，20 pFステップで変化．C_3は0 pFとした）

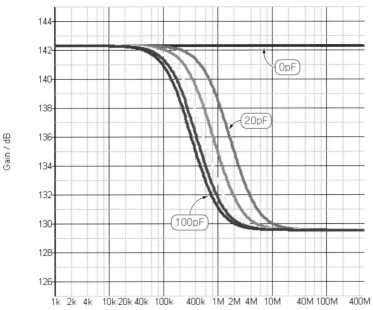

入力容量/寄生容量としてはかなり大きい値（本来なら大体数pF程度のもの）ですが，容量の影響度がどれほどあるかというところで，この大きさでシミュレーションしてみました．端子間容量C_3はゼロのままとしてあります．

シミュレーションの結果を図46に示します．0 pFから20 pFステップで100 pFまでをプロットしてみました．このシミュレーション結果から見るに，対地静電容量値C_1, C_2がマッチしているのなら，CMRRの劣化は限定的といえるでしょう．

このCMRRの劣化が「差信号V_{SIG}が出力に増幅される増幅率A_{diff}」の低下による影響なのか（図45の回路の上半分），それとも「本来出力に現れてほしくないコモンモード電圧V_{CM}の抑圧率A_{comm}」の悪化による影響なのか（図45の回路の下半分）を確認するシミュレーションをそれぞれ行ってみました．

差信号増幅率A_{diff}の低下を図47に，コモンモード電圧抑圧率A_{comm}の悪化を図48にそれぞれ示します．

増幅率A_{diff}の変動は，OPアンプ（を模倣したLaplace Transfer Functionモデル．詳細

図47 対地静電容量を付加したときの差信号増幅率 A_{diff}（シミュレーション条件は図46と同じ）

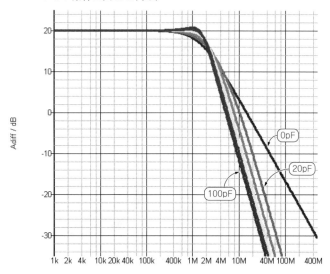

図48 対地静電容量を付加したときのコモンモード電圧抑圧率 A_{comm}（シミュレーション条件は図46と同じ）

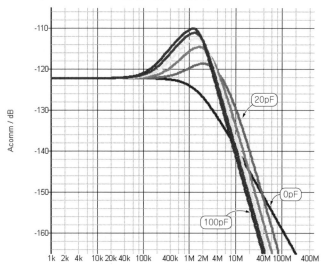

4-4 ディファレンス・アンプと計装アンプでのCMRR劣化の周波数特性と補償方法

は前節を参照)の非反転入力あたりで構成される,R_1, C_1 (図44の部品番号)などでの1次LPFによる影響が大きそうです.

コモンモード電圧抑圧率A_{comm}の変動は,同じく反転入力あたりで構成されるR_3, R_4, C_2(図44の部品番号)などにより,OPアンプの位相余裕が低下するため出るピーキングです.これらにより,

$$CMRR = \frac{A_{diff}}{A_{comm}} = A_{diff}\,[\mathrm{dB}] - A_{comm}\,[\mathrm{dB}]$$

として図46が得られているわけです.まあここは,「ふーん,限定的なのね」というところでご理解いただければと思います.

● 端子間容量はCMRRの低下に影響ない

次に,端子間容量C_3(図44の部品番号)を変化させ,対地静電容量C_1, C_2(同じく)はゼロとしてみました.

シミュレーションの結果を図49に示します.ここでも0 pFから20 pFステップで100 pF

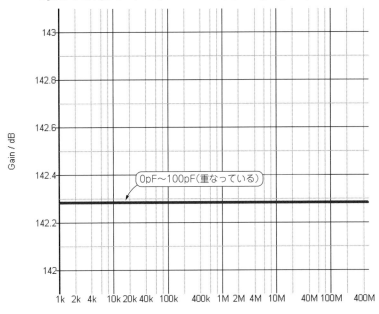

図49 端子間容量を付加したときのコモンモード電圧抑圧率A_{comm}(図44のC_3を0 pFから100 pFまで,20 pFステップで変化.C_1, C_2は0 pFとした)

図50 対地静電容量 C_1, C_2 をアンバランスにしてシミュレーションしてみた

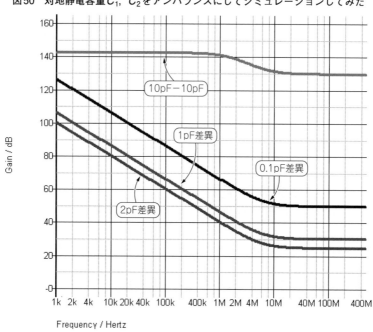

までプロットしてみました，が…，1 dBまで縦軸を拡大しても「重なりあったまま」です．このシミュレーション結果から見るに，端子間容量は CMRR の劣化に影響を与えないことがわかります．

● ちょっとでも対地静電容量間のマッチングがずれると CMRR は極端に劣化する

さて，つづいて現実的な条件として，対地静電容量 C_1, C_2 が非反転入力/反転入力それぞれで「差がある」ケースをシミュレーションしてみます．端子間容量 C_3 はゼロに戻しました．ここでもそれぞれ図44の部品番号で説明しています．

シミュレーションの結果を図50に示します．C_1 = 10 pF，C_2 = 10 pFで同値としたものを「10 pF - 10 pF」のプロットで，C_1 = 10 pF，C_2 = 11 pFで C_2 のほうを1 pFプラスしたものを「1 pF差異」のプロットで，そして C_1 = 10 pF，C_2 = 12 pFで C_2 のほうを2 pFプラスしたものを「2 pF差異」のプロットで示します．

この結果は驚異的です．たった1 pF，10%の差を与えただけで140 dB～130 dBあったCMRRが（この条件で）1 kHzで100 dB程度まで，そして高域では30 dB程度まで性能劣化してしまうのです！

図51 $C_1 = 2$ pF と $C_2 = 2.2$ pF で10％の差．縦軸／横軸のスケールは図50と同じ

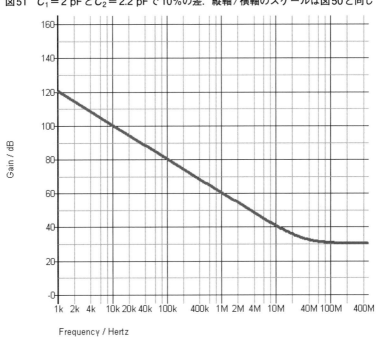

　ためしに，$C_2 = 10.1$ pFとして，C_2のほうを0.1 pFだけプラスしてみたものも図50に「0.1 pF 差異」のプロットで示してみました．たった1％の差だけでもこれだけ性能劣化するわけですね….

　さらに図51では，対地静電容量のうち浮遊容量による寄生成分として，実際にありそうな大きさ$C_1 = 2$ pFと$C_2 = 2.2$ pFにして10％の差に設定してみました．この条件でも，高い周波数になるとCMRRが30 dBになってしまうことがわかります．この程度の容量差や寄生容量は，現実のプリント基板では生じがちなケースではないかと思います．このようにCMRRはかなり劣化するのですね….

　図50や図51のシミュレーション結果，これらのCMRRの劣化度合いを見てしまうと，図49までの検討は，なんだか「どうでもよいことを捏ねくり回す」検討だったようなものですね….

■ 対地静電容量のCMRRへの影響度の軽減方法を考える

　ここまでの検討で，ちょっとでも対地静電容量間のマッチングがずれると，CMRRは極

端に劣化することがわかりました．これは厄介です…．前節でも，抵抗の誤差がCMRRの劣化要因であることを（暗に）以下のように示しました．

そこでR_{c1}をプラス1 mΩとして，1.000001 kΩにしてシミュレーションしてみました．そうするとCMRR値として142.3 dB程度が得られ，シミュレーション回路として正しく動作していることが確認できました．とはいえ，抵抗が「たった」1 ppmずれるだけで，CMRRが140 dB程度（なおA_{diff}は20 dBあります）に低下してしまうわけですね…．

抵抗の場合は，極端な言いかたをすれば「目に見える／検討に加えられる／考慮に入れられる」素子といえるでしょう（パターンの抵抗成分は除外したとして）．一方で，コンデンサ（ここまでの対地静電容量）は浮遊容量による寄生成分もあるわけで，たとえばパッケージのピン間や，はんだ付けパッドと内層のグラウンド・プレーンとの間など，それこそ想定外の要因が多々あります．ちょっと考えるだけでも，本当に厄介そうだと気が付くものといえるでしょう．

● CMRRを最大化する補償回路構成は

CMRRが最大になるように補償したいと思っても，これまでの検討から，また図46のように容量を完璧に同一にしても，段付きともいえる若干のCMRRのレベル変動が生じていることから，なかなか適切な補償は難しそうです．

対地静電容量のアンバランス状態でCMRRを最大化するため，図52[12]のような補償回路が提案されています．トリマ・コンデンサを変化させて，アンマッチを低減させましょう

図52[12]　CMRRを最大化する補償回路構成

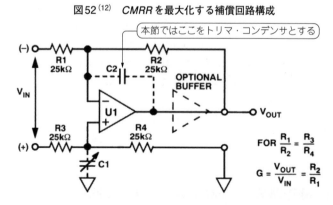

Figure 6-23: A simple line receiver with optional HF trim and buffered output

4-4 ディファレンス・アンプと計装アンプでのCMRR劣化の周波数特性と補償方法

という回路です．

なお，図52の回路では，C_1がトリマ・コンデンサだとして図示されていますが，本節では，このコンデンサC_1が浮遊容量による寄生成分（図44のC_1に相当）だとして固定にし，上側のコンデンサC_2がトリマ・コンデンサだとして説明していきます．図52と図44と比較すると，図52では図44のC_2相当がゼロになっています．

これがどれほどの性能を実現できるのか，つづいてシミュレーションで見てみましょう．

■ CMRRを最大化する補償回路をシミュレーションしてみる

図53のように，ADIsimPEのモデルにトリマ・コンデンサに相当する部分を付加して（図53の回路図中のC_7），シミュレーションしてみます．

入力容量はそれぞれ，図44の部品番号で$C_1 = 3$ pF（図53のC_4），$C_2 = 2$ pF（同じくC_3）として，1 pFのずれをもたせた状態を設定します．

なおこれまでは，図44のC_2（図53のC_3）の容量のほうを大きくして検討していましたが，トリマ・コンデンサによる補償のしくみでは，図44のC_1（図53のC_4）のほうを大きくしないと補償できません．そこでこの容量値にしてあります．現実の回路なら，C_1側が大きくなるように付加コンデンサを接続することになるでしょう．

● シミュレーション回路内の抵抗値はバランスするように戻した

ところで図45の回路や，前節での「R_{c1}をプラス1 mΩとして1 mΩの抵抗差」という説明のように，ここまではシミュレーション結果を収束させる（ゼロ除算にならないようにする）ため，抵抗に1 mΩの差異を設定してありました．

この図53の回路では入力容量値がアンバランスであるため，R_{c1}を1 kΩぴったりに戻してもシミュレーション結果は収束します．またトリマ・コンデンサの影響度だけを確認するためにも，R_{c1}を1 kΩぴったりにしておくのがよいでしょう．そこで図53では，$R_{c1} = 1$ kΩに戻して，抵抗値はバランスさせておきました．

● CMRRを最大化させるトリマ・コンデンサ調整方法と同じ方法でシミュレーションを構成する

図53のシミュレーションの回路構成はCMRRを求めるのではなく，コモンモード電圧V_{CM}の抑圧率A_{comm}を求めるようにしています．これは，CMRRを最大化させるトリマ・コンデンサの調整方法と同じなのです．この考えかたを図54に示します．

実際の回路でトリマ・コンデンサC_{TRIM}を調整するには，同図のように接続して，コモンモード電圧V_{CM}を加え，コモンモード電圧抑圧率A_{comm}，もっと簡単にいうと出力V_Oに現れる電圧が最小になるようにトリマ・コンデンサを調整します．シミュレーションもこれと

図53 CMRRを最大化するためのトリマ・コンデンサを追加したシミュレーション回路（Multi Step解析を行うため，ここでは可変すべき容量 $C_7 = 0$ F としてある）

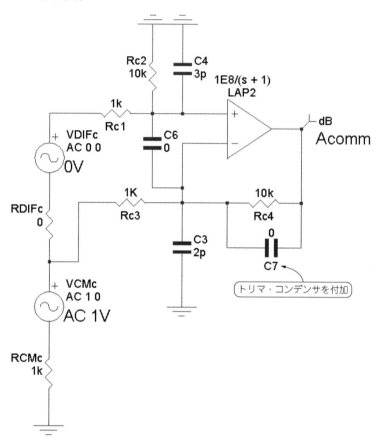

同じ方法で実行させるわけです．

なお実際の回路で，トリム調整をする場合に加える信号の周波数は，CMRRが劣化してくる高周波領域，つまり規定の周波数帯域の上限周波数で行うことがよいでしょう．

● まずはトリマ・コンデンサなしでシミュレーションしてみる

この状態で，まずは「トリマ・コンデンサなし」（**図53**の $C_7 = 0$ F）でシミュレーションしてみました．この結果を**図55**に示します．先ほどの「驚異的」という話と同じなのですが，

図54 CMRRを最大化するトリマ・コンデンサの調整方法. シミュレーション方法も同じ構成になる（トリマ・コンデンサ以外の容量は表記していない）

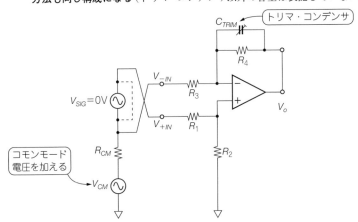

図55 図53の回路で入力容量の差を1 pFとした条件でのコモンモード電圧抑圧率A_{comm}のシミュレーション. 各抵抗はバランスしてある

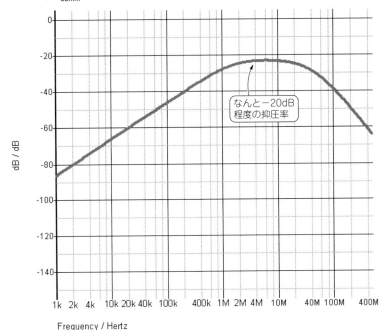

図56 試行錯誤の結果，CMRRが十分に改善する領域に追い込んだシミュレーション設定

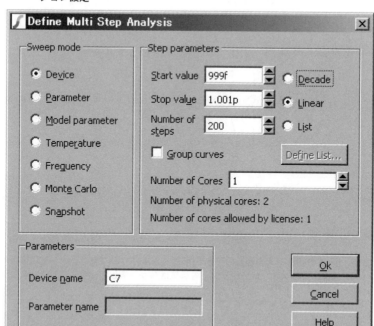

たった1 pFのずれをもたせただけでも，コモンモード電圧抑圧率A_{comm}は大幅に劣化しています．最も劣化しているところでは−20 dB程度しかありません！

● CMRRを最大化するにも現実的には無理がある

つづいてトリマ・コンデンサ（図53のC_7）を接続してシミュレーションしてみました．シミュレーションは，トリマ・コンデンサの容量値を変化させて複数回実行する「Multi Step 解析」という方法で行います[注4]．

いろいろ試行錯誤してみた結果として，CMRRが十分に改善する容量値は，本当に狭い範囲であることがわかりました．図56のようにトリマ・コンデンサの容量値を0.999 pFから1.001 pF，さらにそのステップも200ステップと非常に微細に設定してシミュレーションしてみました．この設定では，1ステップあたりインクリメントが何と10 aF（aは"atto"で

注4：LTspiceでは.stepコマンドが相当する．

図57 トリマ・コンデンサを0.999 pFから1.001 pFとして200ステップで変化させたときのコモンモード電圧V_{CM}の抑圧率A_{comm}

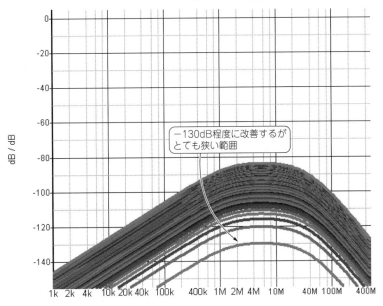

−130 dB程度に改善するがとても狭い範囲

10のマイナス18乗)です….

その設定でのMulti Step解析によるシミュレーション結果を図57に示します. 1 pFの対地静電容量のずれにおいて, コモンモード電圧抑圧率A_{comm}が−130 dB程度に回復するのは, Multi Step解析での「ほぼ1ステップの範囲内」程度, つまり10 aFの変化になっています. また, そのベストな状態から1ステップ前後, つまり0.00001 pF (10 aF)変化するだけでも, CMRRの変化(改善/劣化度合い)は10 dBもあります….

気持ちを落ち着けて考えてみれば, CMRRを理想状態まで最適化しようとしても, 現実的には無理がある/限界があるということです. 図46などで見てきた140 dBというレンジは10の7乗(電圧換算で)となりますから, これは0.00001 %であり, それこそ無理がある/限界があることがわかると思います.

また, 前節でも示したように, 1 mΩの抵抗値差異, つまり抵抗がたった1 ppmずれるだけで, CMRRは140 dB程度に低下してしまいました. このときコモンモード電圧抑圧率A_{comm}も−120 dB程度になってしまいます…. そしてdBというのも「対数」なわけですので, 本当に微小なあたりをチマチマやっていたわけですね.

実際の回路であれば，これ以外の誤差要因も大きいわけなので，$CMRR$は20 dBから60 dBあたりを目標として調整することになると思われます．

● 補償容量はどうやって決定するか

計算で$CMRR$をベストにするトリマ・コンデンサ値を求めることもできるでしょう．とはいっても，各部に寄生容量のある回路で，$CMRR$を式計算で得るのも式がややこしくなり，だいぶ無理がありそうです．

こんなことを考えると，SPICEシミュレーションの便利さが身に沁みることになるわけですね．そこで，現実解としてはMulti Step解析でのシミュレーションで，必要な容量のアタリをつけるのがよいでしょう．

まとめ

このように，ディファレンス・アンプ，そしてその回路構成を応用した計装アンプで$CMRR$を高く維持しようとすることは，非常に難しいということがわかると思います．40 dB…．「四十」と読んだとしても，実はそれは1％精度であり，これ以上の性能を達成しようとすると，それこそとんでもないマッチング精度が必要になるわけです．

16ビット程度のA-D変換システムでは，ダイナミック・レンジが100 dB程度になりますが，コモンモード電圧が大きく，さらに高い周波数でコモンモード電圧変動が大きい場合には，この$CMRR$の限界によってコモンモード電圧がA-D変換システムにノイズとして現れてしまうことも気がつくと思います．

ということで，コモンモード・ノイズと差動回路，重ね合わせの理とディファレンス・アンプ，そしてディファレンス・アンプの限界から計装アンプというストーリーで，本章を構成してきました．見た目は簡単な回路なのかもしれませんが，意外と奥深いこと，注意が必要なことがおわかりいただけたかと思います．

第5章
アクティブ・フィルタの ノイズ特性について考察する
LTspiceによるノイズ・シミュレーション技法を活用して

OPアンプを利用したアクティブ・フィルタは,さまざまな応用で利用されることの多い回路です.本章ではLTspice[注1]を活用して,いくつかの回路のシミュレーションを行いながら,アクティブ・フィルタのノイズ特性について考察していきます.

5-1 ノイズ特性のシミュレーション方法と アクティブ・フィルタのノイズ源

とある日,とある方と,とあるメールのやりとりをしていました.その話題は「アクティブ型のロー・パス・フィルタのノイズ特性」についてでした.「アクティブ・フィルタにはいろいろな方法がありますよね.代表的なものがサレン・キー型や多重帰還型ではないかと思います」「しかし改めて考えてみると,それぞれでノイズ特性はどうなるんでしょうかね」…そんなメールのやりとりでした.

フィルタは余計な信号を除去するものですが,OPアンプでアクティブ・フィルタを構成した場合に,OPアンプ自体からノイズ,そして使用する抵抗素子からもノイズ(サーマル・ノイズ;熱雑音)が発生し,それが結果的にフィルタ特性に影響を与えることがあります.フィルタすべきフィルタさんが,自分でノイズを出してはいけません….

そこで,LTspiceを使ってそれぞれのノイズ特性について考察してみたくなりました.

■ OPアンプ回路でのノイズ解析の考えかた
● OPアンプ自体のノイズ・モデル

OPアンプのノイズ解析の考えかたについては,第2章の第2-2節でも紹介していますが,ここでも改めて詳解してみたいと思います.

注1:これまで各章の脚注で示してきたように,アナログ・デバイセズのSPICEシミュレータはNI Multisim,つづいてSIMetrixをベースにしたADIsimPE,そしてLTspiceと変遷してきている.

図1 OPアンプのノイズ・モデル(第2章，第2-2節の図15を再掲)

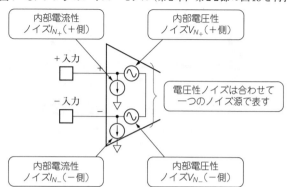

まず，OPアンプ自体のノイズ・モデルについて説明します．OPアンプは，**図1**のように非反転入力(＋)と反転入力(－)の2入力になっています．
- 電圧性ノイズは，＋(もしくは－)の端子に直列に接続される電圧源としてモデル化
- この2つの電圧性ノイズは合わせて1つのノイズ源で表す
- 電流性ノイズは，＋と－のそれぞれの端子からグラウンドに並列に接続される電流源としてモデル化

つまり，モデル化されたOPアンプのノイズ源は，同図のように3つあり，下記のようになります．
(1) 電圧性ノイズ
(2) 非反転入力(＋)に流れる電流性ノイズ
(3) 反転入力(－)に流れる電流性ノイズ

この(1)～(3)は，それぞれ「無相間」の電圧/電流の変化です．無相関とは，それぞれの信号波形形状がまったく関係なく変化していることを言います．

● 抵抗からはサーマル・ノイズが生じる

第2章でも述べましたが，空気中に抵抗を置いておくだけで，抵抗器内で生じるブラウン運動(微粒子が温度でランダムに振動する振る舞い．運動変位量は絶対温度に比例する)によって，サーマル・ノイズ(電圧)が生じます．これはジョンソン・ノイズとも呼ばれます．サーマル・ノイズ電圧 V_N は，次式で表すことができます．

$$V_N = \sqrt{4kTBR}$$

ここで，
k：ボルツマン定数(1.38×10^{-23} J/K)

T：抵抗器周辺の絶対温度（27℃で300 K）
B：矩形フィルタで帯域制限した帯域幅 [Hz]
R：抵抗器の抵抗値 [Ω]

電子回路では，$B = 1\,\mathrm{Hz}$として単位帯域幅あたりの電圧密度で表すことが多く，たとえば1 kΩの抵抗器で発生するサーマル・ノイズ電圧量は，1 Hzあたりで$4.07\,\mathrm{nV}/\sqrt{\mathrm{Hz}}$になります．

ノイズ電圧実効値（全体のノイズ電圧量）を得る場合は，帯域幅Bは平方根で効きますので，$B = 10\,\mathrm{kHz}$ならば，ノイズ電圧実効値は$407\,\mathrm{nV_{RMS}}$（RMSはRoot Mean Squareで，実効値の意味）になります．

● OPアンプ回路でのノイズ・ソース3要素

このようにOPアンプ回路「全体」におけるノイズ・ソースは
- OPアンプの電圧性ノイズ
- OPアンプの電流性ノイズ
- 抵抗のサーマル・ノイズ

となります．
OPアンプの入力換算ノイズは，図2のように，これらの要素から
(1) OPアンプの電圧性ノイズは，そのまま
(2) OPアンプの電流性ノイズは，それぞれの入力端子に接続される抵抗に電流性ノイズが流れることで生じる電圧降下（電圧量に変換されることになる）
(3) 抵抗のサーマル・ノイズは，周囲のRLC素子で分圧を受け，それで決まるOPアンプそれぞれの入力端子に生じる電圧

図2 OPアンプの入力換算ノイズがノイズ・ゲイン倍されて出力に現れる

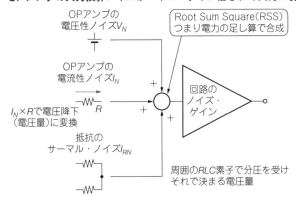

となり,これらを「電力の足し算;Root Sum Square (RSS)」で合成したものが,全入力換算ノイズ量になります.

OPアンプ出力に現れるノイズ量は,この入力換算ノイズ量を「ノイズ・ゲイン」倍したものとして得られます.これも図2に示します.ノイズ・ゲインとは,回路を非反転増幅回路として考えたときの増幅率(ゲイン)で,実際に回路を構成して得られる動作ゲインとは別のものです.

回路全体のノイズ・モデルとノイズ・ゲインについてより深く踏み込んでいくと,それこそ複数の章の分量となってしまいますので,ここでは簡単にその考えかたのみを示しました.

なおサレン・キー型LPFのノイズ・ゲインについては,シミュレーション・モデルとして,本節の中盤の図10に示します.

■ LTspiceでノイズ特性をシミュレーションする方法
● まずはLPFとしての振幅伝達特性を確認する

図3にサレン・キー型LPFのフィルタ特性を確認するシミュレーション回路図を示します.カットオフ周波数$f_0 = 1$ kHz,$R = 1$ kΩ,$Q = 4, 3, 2, 1, 1/\sqrt{2}, 0.5$として,LTspiceの.stepコマンドという,パラメータを変化させて複数回のシミュレーションを実行できる便利な機

図3 サレン・キー型LPF(カットオフ周波数1 kHz)

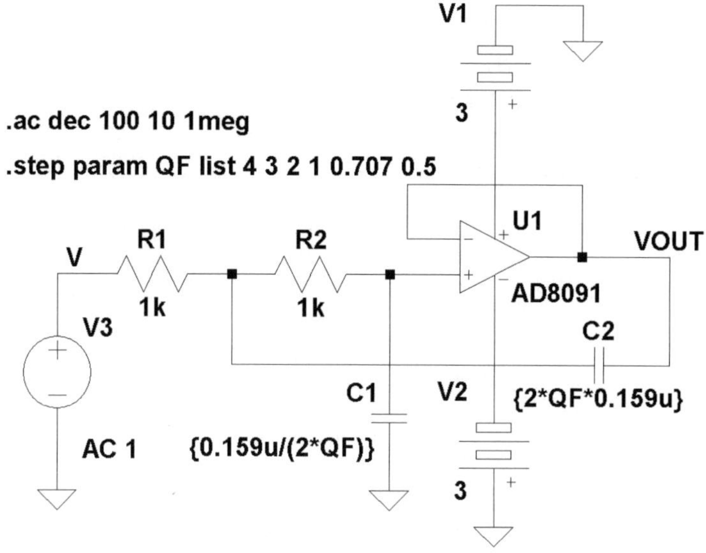

能を用いています．

ここでQは，回路のQ値(Quality Factor)というものです．高次のアクティブ・フィルタ(切れの良い，という意味)では，Q値の異なる**図3**のフィルタ回路をカスケード(cascade；従属)に接続していき，多段フィルタとして目的の特性を実現します．この「カスケード接続」というのが，実は，この「アクティブ・フィルタのノイズ解析」という本章での最終ゴールともいえる話題なのです．

図4に入出力振幅伝達特性に相当する，V_{OUT}出力をACシミュレーションで得た結果(このLPFのフィルタ特性になる)を示します．$Q=1/\sqrt{2}$を超えると振幅伝送特性にピークが生じています．

● 同じ回路でノイズ特性を確認する方法

つづいて，この**図3**の出力ノイズ密度スペクトルをシミュレーションする回路を**図5**に示します．ここではLTspiceのノイズ解析(Noise Analysis)シミュレーション方法も含めて説明します．ノイズ解析の設定画面を**図6**に示します．

端子V_{OUT}での出力ノイズ電圧量を得るため，「Output」のところはV(VOUT)とします．

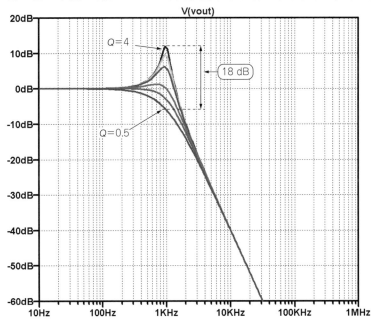

図4 図3の回路のQ値ごとによる入出力振幅伝達特性($Q=4, 3, 2, 1, 1/\sqrt{2}, 0.5$)

図5　図3のサレン・キー型LPFのノイズ特性を確認するシミュレーション回路

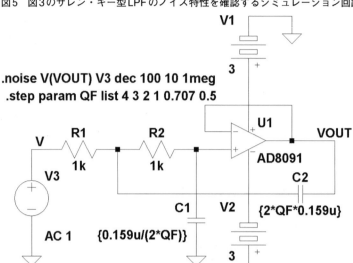

　ノイズ電圧量を得るためにV( )という関数を入れます［ノイズ電流量を得るならI( )とする］．

　また，ノイズの入力は，換算値として得たい位置に電圧源シンボルV（ノイズ電圧を得る場合）を配置して，その部品番号を「Input」のところにV3と入れます．入力換算ノイズ電流を得たいなら，電流源部品Iを配置してInputのところに部品番号I1と入れます．V3，V1の3や1は，それぞれシンボル番号を示しています．

　図5のシミュレーション結果を図7，図8に示します．このプロットは1 Hzあたりのノイズ電圧密度の周波数特性です．入力をグラウンドにショートしたかたち（V3を経由して）でのシミュレーションに相当します．図7では「出力ノイズ電圧密度」を，図8では「入力換算ノイズ電圧密度」をプロットしています．

　図7のプロット［出力ノイズ電圧量V(onoise)．SPICEで出力ノイズを表すために一般的に用いられるパラメータ記号は，onoise_spectrumであるが，LTspiceではV(onoise)という記号になる］を表示するには，単にV_{OUT}をクリックするだけです．図8の入力換算ノイズ電圧密度V(inoise)［SPICEで入力換算ノイズを表すために一般的に用いられるパラメータ記号はinoise_spectrumであるが，LTspiceではV(inoise)という記号になる］をプロットするには，グラフ領域で右クリックすると出てくるボックス内の「Add Traces」をクリックして，出てきた選択ボックスから「V(inoise)」を選びます．出力ノイズV(onoise)も同じ方法でプロットすることも可能です．

図6 ノイズ解析の設定画面

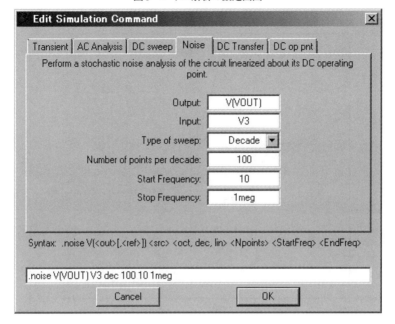

図8で入力換算ノイズ電圧密度が高域で上昇しているのは，LPFとして入出力振幅伝達特性(伝達関数)が高域で低下するからです(LPFなのであたりまえだが)．出力レベルを増幅率で割り戻せば入力レベルが得られますから，増幅率が0 dBより小さければ入力レベルのほうが大きくなるということです．増幅率が0 dBの10 Hzでは図7と図8が同じレベルになっていることからもわかります．

● 全ノイズ電圧実効値を確認する方法

図5で実行したような，.stepコマンドを用いてQ値(パラメータ)を変化させて複数回のノイズ・シミュレーションを行う場合には使えませんが，値をすべて固定して1回だけのノイズ・シミュレーション結果を得た場合には，全ノイズ電圧実効値(RMS値)を計算することができます．CTRLキーを押しながらグラフ領域の「V(onoise)」のラベルを左クリックすれば，RMS値表示ボックスが出てきます．簡単ですね．実際はグラフの全領域を積分するという数値計算をしています．

図7 Q値を変えていきながらノイズ解析を行い出力ノイズ電圧密度をプロットした（$Q = 4, 3, 2, 1, 1/\sqrt{2}, 0.5$）

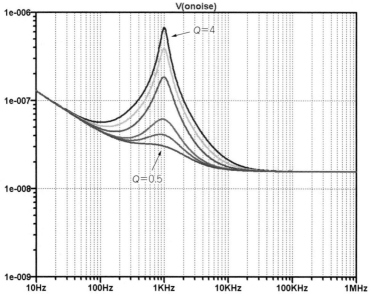

■ Q値が変わるとノイズの変化が大きくなるのはノイズ・ゲインが変わるから

ちょっと趣向を変えて，出力ノイズV(onoise)［V(VOUT)．図7のプロット］を$10\mathrm{nV}/\sqrt{\mathrm{Hz}}$を基準としてdBで表示させてみたものを図9に示します．計算式は，

```
20 * log10(V(onoise)/(1E-8))
```

というふうにしてみました．

ここまでの説明は「LTspiceを用いると，こんなかたちでノイズ・シミュレーションができますよ」という話だったわけです．「本題であるサレン・キー型LPFの特性は実際にどうで，その特性をどのように考えて，どのように改善すればよいのか」，は依然として疑問に思われるでしょう．

実は，この図9がその答えの先駆けになるものでありました….

● LPFの入出力振幅伝達特性と比較するとQ値の変化に対してノイズ密度の変化が大きい

図4ではQ値を変えて入出力振幅伝達特性をシミュレーションしてみたわけですが，伝達特性のピーク（1 kHz）のところのQ値の変化に対しての変動は，幅で18 dB程度になって

図8 Q値を変えていきながらノイズ解析を行い入力換算ノイズ電圧密度をプロットした($Q = 4, 3, 2, 1, 1/\sqrt{2}, 0.5$)

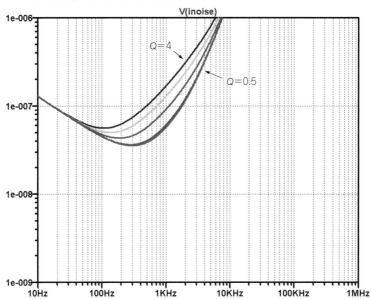

います．一方で，ノイズ・シミュレーションしてみた結果をdBに直した図9では，ノイズ密度のピーク(1 kHz)のところでは，同じQ値の変化に対して何と27 dBもの幅があることがわかります！ Q値の高いほうが出力に現れる全体のノイズが大きくなるというわけですね．

Q値ごとによる入出力振幅伝達特性のピークの変化よりも，ノイズ密度のピークの変化のほうがかなり大きくなります．これは重要な事実です．以降の節でも示しますが，Q値の異なるサレン・キー型LPFをカスケードに接続して高次のLPFを作るとき，「どの順番で並べていけばよいのか」を考慮すべき必要性を示すものなのです．

● サレン・キー型LPFのノイズ・ゲインをシミュレーションしてみる

この節の最初のほう，また図2において「ノイズ・ゲイン」というものを示しました．説明においては「ノイズ・ゲインとは回路を非反転増幅回路として考えたときの増幅率」だと説明しました．

図9のピークはどんなところが原因になっているのかを探るべく，ノイズ・ゲインをシミュレーションしてみることで考えてみましょう．図10は図3，図5のノイズ・ゲインをシミュ

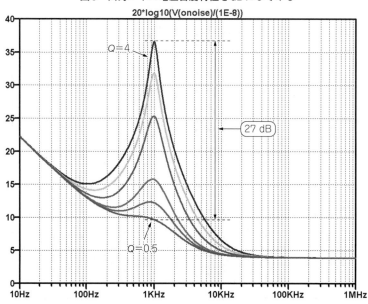

図9 出力ノイズ電圧密度特性をdBにしてみる

レーションする回路です．信号電圧源がOPアンプの非反転入力端子に接続されています．先の説明での「ノイズ・ゲインとは非反転増幅回路として考えたときの増幅率」というものの実践がこの構成です．非反転入力端子に信号源を置き（本来の信号源は取り去り，その部分はショートする），そしてその信号源の電圧が出力に現れる増幅率を見てみるというものなのです．

もう少し説明しておくと，「信号電圧源が非反転入力端子に接続される」というのは，見かたを変えれば（信号電圧源を直流電圧源に置き換えれば），「この電圧源はOPアンプの入力オフセット電圧のモデルと等価」なのだということに気がつきます．

つまり，入力オフセット電圧が出力に現れる増幅率も，ノイズ・ゲインと同じということになります．

● サレン・キー型LPFの振幅伝達特性とノイズ・ゲインは大きく異なる

図10の回路でシミュレーションしてみた結果を図11に示します．ピーク（1 kHz）のところでは，図9と同じで，Q値の変化に対して27 dBの幅があります．つまり，図9のノイズ密度スペクトルの上昇は，ノイズ・ゲインが上昇しているからだということがわかります．

面白い結果です…．Q値の変化に対して，入出力振幅伝達特性では18 dB程度の変動幅

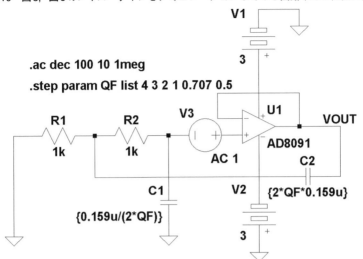

図10 図3, 図5のノイズ・ゲインをシミュレーションしてみる回路（V3の位置に注意）

でしたが，ノイズ・ゲインは27 dBもの変動幅があるのですね．

■ OPアンプ回路のノイズ・ソース3要素の影響度を異なるシミュレーション・アプローチで考える

● ノイズ・ソース3要素の影響度

この節の最初に，OPアンプ回路でのノイズ・ソースは3要素あり，
- OPアンプの電圧性ノイズ
- OPアンプの電流性ノイズ
- 抵抗のサーマル・ノイズ

だと示しました．これらそれぞれの影響度を考えていきましょう．

そのまえに，シミュレーションで用いたOPアンプAD8091のノイズ特性を確認しておきましょう．ここまでサレン・キー型LPFのカットオフ周波数は1 kHzとしてきました．そこでデータシートのFigure 15とFigure 16から，1 kHzにおけるノイズ特性を読み取ってみます．電圧性ノイズは$18\,\mathrm{nV}/\sqrt{\mathrm{Hz}}$@1 kHz，電流性ノイズは$1.8\,\mathrm{pA}/\sqrt{\mathrm{Hz}}$@1 kHzと読み取ることができます．同データシートの図から1 kHzでの値を読み取ってみたのは，データシートの仕様表のところは10 kHzでの規定．また$1/f$ノイズのコーナ周波数も1 kHz付近（電流性ノイズのコーナ周波数は1 kHzを超えている）であることが理由です．

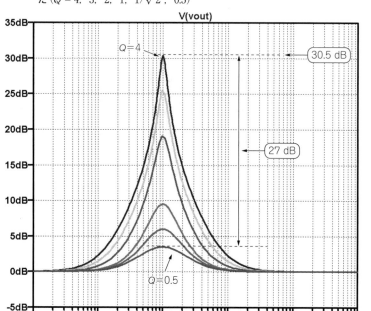

図11 Q値を変えていきながら回路のノイズ・ゲインをシミュレーションしてみた($Q = 4, 3, 2, 1, 1/\sqrt{2}, 0.5$)

● OPアンプの電圧性ノイズの影響だけを見てみる

ノイズ・ソースの3要素のうち，電圧性ノイズの影響だけを見てみましょう．それによって，他の2要素の影響度を無視できるかどうかの確認ができます．

電圧性ノイズだけの影響を見るためのノイズ・シミュレーション回路を図12に示します．ここでは，下記のように回路を修正してみました．
(1) 電流性ノイズで生じる電圧降下を低く抑えるため，抵抗を1Ωにした
(2) カットオフ周波数を1kHzに維持するため，コンデンサの大きさを1000倍にした
(3) 低抵抗1Ωを問題なく駆動できるようにするため，バッファとしてVoltage Controlled Voltage Source (VCVS) E1を追加[注2]
(4) 低抵抗1Ωを使っているので抵抗からのサーマル・ノイズは無視できる

注2：この呼びかたは一般的なSPICEでの名称．LTspiceではVoltage dependent voltage sourceという名称を用いている．

図12 回路の電圧性ノイズの影響のみを見られるように抵抗を1Ω，コンデンサの大きさを1000倍にした

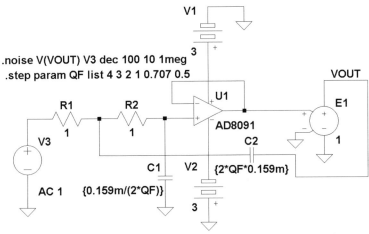

図13 図12の回路でのノイズ・シミュレーション結果．1 kHzで661 nV/√Hz になっている

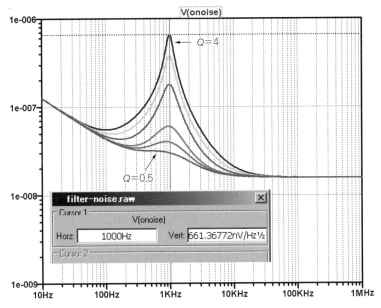

図14 図7のシミュレーション結果も確認してみる．図13の結果とほぼ同じ値なので，電圧性ノイズが支配的であることがわかる

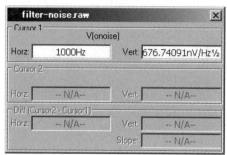

図15 抵抗のサーマル・ノイズの影響を排除できるLTspiceのシミュレーション方法「noiseless」オプション

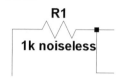

シミュレーション結果を図13に示します．ノイズのピークが一番大きい設定($Q=4$)で，1 kHzにおいて661 nV/$\sqrt{\text{Hz}}$ のノイズ密度であることがわかります．図11(回路のノイズ・ゲインのシミュレーション)から$Q=4$，1 kHzにおいてノイズ・ゲインは約30.5 dB，つまり33.5倍あります．データシートの値では，1 kHzにおける電圧性ノイズは18 nV/$\sqrt{\text{Hz}}$ でしたから，出力ノイズは603 nV/$\sqrt{\text{Hz}}$ @1 kHzと計算でき，図13のシミュレーション結果661 nV/$\sqrt{\text{Hz}}$ とほぼ近いことがわかります．

また，図7の(3要素がすべて入った)シミュレーション結果のノイズ特性も図14のようにマーカで確認してみると，1 kHzにおいて677 nV/$\sqrt{\text{Hz}}$ となっています．つまり，OPアンプの電圧性ノイズが支配的であることがわかります．これにより以降の検討では(このOPアンプと抵抗値を用いた場合には)，OPアンプの電圧性ノイズに主眼を当てて見ていけばよいことになります．

なお，OPアンプによって電流性ノイズが大きいものもあります．また使用する抵抗値が大きいときには，電流性ノイズの影響や，サーマル・ノイズが大きくなってしまいます．そのため，一概に「電圧性ノイズだけを考えておけば大丈夫」というものではありません．

● LTspiceではサーマル・ノイズの影響は排除できる

ところで，SPICEシミュレーションで電流性ノイズだけの影響をシミュレーションすることは結構やっかいです(できないことはないが，設定が面倒)．

それでもLTspiceを用いれば，抵抗のサーマル・ノイズの影響を排除したシミュレーションなら行うことはできます．これにより図12と図13で見てきた，「OPアンプの電圧性ノイズのみ」のシミュレーション結果に対して，「電圧性ノイズと電流性ノイズのみが合わさった」ノイズ・シミュレーションを行うことができます．

5-1 ノイズ特性のシミュレーション方法とアクティブ・フィルタのノイズ源 235

　サーマル・ノイズを排除したシミュレーションを行うには，図5のようなLTspiceのシミュレーション回路で，抵抗それぞれは本来の定数のままにして，「noiseless」オプションを図15のように抵抗値の後ろに加えます．実は，これはLTspiceのマニュアルに載っていない技なのです[13]．

　このように設定すれば，図13の結果に電流性ノイズの影響のみが付加された状態（抵抗のサーマル・ノイズはゼロの状態）でのシミュレーション結果を得ることができます．これらの結果を比較することで，電流性ノイズの影響度を確認できます．

● OPアンプのノイズ・ソースの影響を除外したシミュレーション

　一方で，OPアンプのノイズ特性を除外して，抵抗のサーマル・ノイズだけの影響を見る方法を説明します．これは図16のように，サレン・キー型LPFで使用する$A = +1$のボルテージ・フォロワに相当するモデルとして，ここでもVoltage Controlled Voltage Source（VCVS）であるE1（$A = +1$にして）を用意すればよいのです．

　もし，このようなサレン・キー型LPFでの$A = +1$の設定ではなく，通常のOPアンプ増幅回路などとしてノイズ・シミュレーション回路を構成したいのであれば，そのOPアンプのオープンループ・ゲインとカットオフ周波数特性をLaplaceモデルとして，このVoltage Controlled Voltage Sourceに式で書き込めばよいのです[注3]．

　ここまでの検討で，このサレン・キー型LPFでは電圧性ノイズの影響が支配的だという

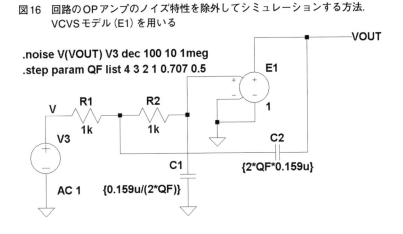

図16　回路のOPアンプのノイズ特性を除外してシミュレーションする方法．VCVSモデル（E1）を用いる

注3：第4章でも，ADIsimPEに内蔵されているLaplace Transfer Functionという数学モデルを使いてシミュレーションを行ってきた．

ことがわかりましたから，この節では，図16のシミュレーション結果は割愛します．

まとめ

　本節では，サレン・キー型LPFのノイズ特性を確認してみました．Q値が大きくなってくると，入出力振幅伝達特性のピークよりも，ノイズ・ゲインのピークのほうが上昇率が高くなることがわかりました．

　Q値を高く設定したい場合というのは，高次なアクティブ・フィルタ（切れの良い，という意味）を実現するため複数のOPアンプによるアクティブ・フィルタ回路をカスケードに接続していくときに相当します．

　本来の目的は高性能なフィルタを構築してノイズを抑えたい（フィルタしたい）にもかかわらず，アクティブ・フィルタ回路自体がノイズを発生させてしまうという危険性というか，心配があるわけです．

　以降の節では，ここまで見てきたサレン・キー型LPFと多重帰還型LPFのノイズ特性の違い，どうすればロー・ノイズなアクティブLPFを実現できるか，また高次なアクティブ・フィルタを実現するため複数のOPアンプのサレン・キー型LPFをカスケードに接続していくときに，Q値の異なるそれぞれのサレン・キー型LPFをどの順番で接続していけばよいかを考えていきます．

　しかし，アクティブ・フィルタのノイズ性能だなんて，書籍やウェブの記事でも見かけたことがありませんでしたが，検討してみると，興味深いものですね…．

5-2　サレン・キー型と多重帰還型をノイズ特性の面で比較する

　この節では，どうすればロー・ノイズなアクティブLPFを実現できるかを考えていきます．ここまで見てきたサレン・キー型LPFと多重帰還型LPFのノイズ特性の違いを検討し，OPアンプを超ロー・ノイズOPアンプLT1128に変えて実験もしてみます．

■ サレン・キー型と多重帰還型LPFを比較する

　まず，異なるアクティブ・フィルタのトポロジー（構成）で，ノイズ特性がどのように変わるかを見ていきます．ここで「異なるトポロジー」としては，前節で見てきた「サレン・キー型」とこれから説明していく「多重帰還型」で考えてみます．

　前節の図3はサレン・キー型LPFのフィルタ特性を確認するLTspiceのシミュレーション回路でした．シミュレーション結果（前節の図4）では，$Q = 4$, 3, 2, 1, $1/\sqrt{2}$, 0.5として，回路のQ値（Quality Factor）を変えてシミュレーションしていました．Q値を変える

図17 多重帰還型フィルタ（カットオフ周波数1 kHz）

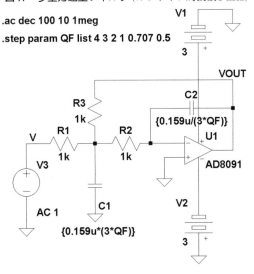

図18 図17の回路のQ値ごとによる入出力振幅伝達特性（$Q = 4, 3, 2, 1, 1/\sqrt{2}, 0.5$）

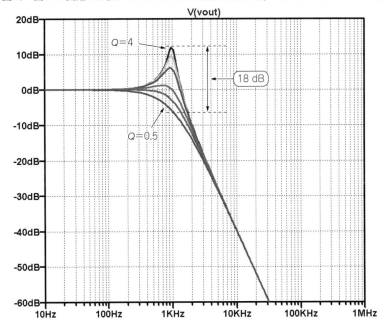

図19 サレン・キー型LPFと多重帰還型LPFのノイズ密度スペクトルとRMSノイズを比較する

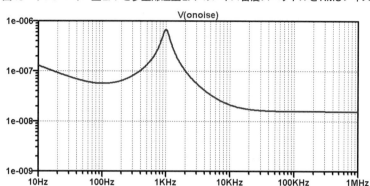

(a) サレン・キー型LPFのノイズ密度スペクトル（$Q=4$）

(b) 上記の全ノイズ実効値は20.5 μV_{RMS}

ことで，カットオフ周波数において入出力振幅伝達特性のピークが18 dBほど変化していることがわかりました．

● 多重帰還型LPFの周波数特性を確認する

図17は多重帰還型LPFの周波数特性を確認するLTspiceのシミュレーション回路です．図18にシミュレーション結果を示しますが，図3や図4と同じように，$Q=4$, 3, 2, 1, $1/\sqrt{2}$, 0.5として回路のQ値を変えてシミュレーションしています．この図18の結果は図4とまったく同じだということがわかります．入出力振幅伝達特性のピークの変動も18 dBになっています．これにより「回路動作としては，このふたつのフィルタ回路（サレン・キー型と多重帰還型）は同じもの」ということが確認できました．

さて，それではノイズ特性は一体どうなるのでしょうか．

● 多重帰還型LPFのほうがノイズ特性が悪い

図19のように，サレン・キー型LPFと多重帰還型LPFで，それぞれノイズ・シミュレーションを実行してみました．ノイズ特性は多重帰還型LPFのほうが悪いことがわかります．

5-2 サレン・キー型と多重帰還型をノイズ特性の面で比較する

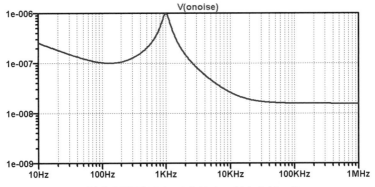

(c) 多重帰還型LPFのノイズ密度スペクトル($Q = 4$)

(d) 上記の全ノイズ実効値は25.2 μV_{RMS}

「回路動作としては，このふたつのフィルタ回路（サレン・キー型と多重帰還形）は同じもの」なわけですが（信号極性は反転するが），ノイズ特性は同じではないのですね….

OPアンプ出力で得られる全ノイズ電圧実効値（RMS値）の計算を，CTRLキーを押しながらグラフ領域のV(onoise)のラベルを左クリックする，という操作でやってみました.

サレン・キー型が20.5 μV_{RMS}，多重帰還型が25.2 μV_{RMS}となり，多重帰還型でのSNR（Signal to Noise Ratio；SN比）の劣化は1.8 dBとなりました．まあ，それほど大きな差異ではありませんが．

● 多重帰還型LPFのノイズ密度スペクトルが大きい原因を考察する

ノイズ特性は多重帰還型LPFのほうが悪いことがわかりました．この原因はどこからきているのでしょうか．その確認のため，多重帰還型LPFのノイズ・ゲインをシミュレーションする回路を図20のように作ってみました．ノイズ・ゲインは「その回路を非反転増幅回路として考えたときの増幅率」なので，この回路構成でノイズ・ゲインのシミュレーションができることも納得できるでしょう．

シミュレーション結果を図21に示します．$Q = 4$の場合のノイズ・ゲインは33.8 dBあり（サ

第5章 アクティブ・フィルタのノイズ特性について考察する

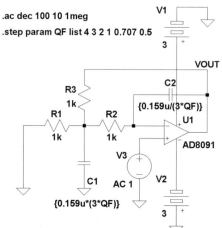

図20 多重帰還型LPFのノイズ・ゲインをシミュレーションする回路

レン・キー型は30.5 dB)，Q値を変えて$Q=4$，3，2，1，$1/\sqrt{2}$，0.5としたときのノイズ・ゲインの変動幅は29 dB(サレン・キー型は27 dB)になっています．また，回路が反転増幅回路構成になっているので，DCでのノイズ・ゲインも6 dB(サレン・キー型の場合は0 dB)になっている，という違いもあります．

OPアンプの入力換算ノイズが，このノイズ・ゲインで増幅されて出力に現れるわけです．

■ LT1128にOPアンプを交換してノイズ特性を考える

ここまでOPアンプはAD8091を用いました．今さらですが紹介すると，AD8091は高速レールtoレールOPアンプで低価格な製品です．

● AD8091

http://www.analog.com/jp/ad8091

【概要】

AD8091(シングル)とAD8092(デュアル)は，低価格，電圧帰還の高速アンプであり，＋3 V，＋5 V，±5 Vの電源で動作するように設計されています．これらのデバイスは，負側レールの下側200 mVまで，かつ正側レールの内側1 Vまでの入力電圧範囲を持つ真の単電源動作機能を備えています．

低価格にもかかわらず，AD8091/AD8092は全体に渡って優れた性能と多様性を提供し

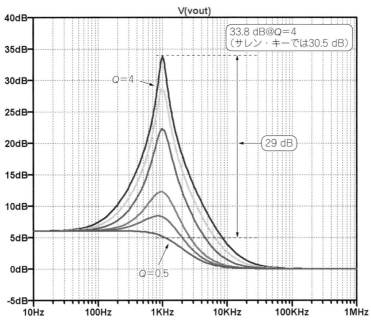

図21 図20の回路のQ値ごとによるノイズ・ゲインの変化（Q = 4，3，2，1，$1/\sqrt{2}$，0.5）

ます．出力電圧の振幅はそれぞれのレールの25 mV以内と拡張されており，優れたオーバー・ドライブ回復特性を備え，最大出力ダイナミック・レンジを提供します．（後略）

AD8091は$A = +1$で-3 dB帯域幅が110 MHzという高速なものです．このような高速OPアンプをカットオフ周波数1 kHzのアクティブ・フィルタに用いた理由ですが，この節では触れていませんが，アクティブLPFが減衰域となる高域でも正しい性能を出すためには（とくにサレン・キー型では），カットオフ周波数よりも十分に高い周波数特性をもつOPアンプを使用する必要があるからです．そうしないと減衰域で適切な減衰量を確保することができないのです（次節の最後にその話題も説明する）．

● 超ロー・ノイズOPアンプLT1128に交換してみる

実は，AD8091は電圧性ノイズ特性がそれほど良いものではありません．電圧性ノイズはノイズ・ゲイン倍で出力に現れるため，この特性に注意する必要があります．

そこで図3のサレン・キー型LPF回路のOPアンプを，超ローノイズOPアンプLT1128に交換してみます．

● LT1128

http://www.analog.com/jp/lt1128

【概要】

LT1028（利得 − 1 で安定）/LT1128（利得 + 1 で安定）では，$0.85\,\mathrm{nV}/\sqrt{\mathrm{Hz}}$（1 kHz）および $1.0\,\mathrm{nV}/\sqrt{\mathrm{Hz}}$（10 Hz）など新しいノイズ性能の規格が得られます．この超低ノイズとともに優れた高速仕様（利得帯域幅積が LT1028 では 75 MHz，LT1128 では 20 MHz），無歪み出力，および高精度パラメータ（$0.1\,\mu\mathrm{V}/\mathrm{℃}$ のドリフト，$10\,\mu\mathrm{V}$ のオフセット電圧，30,000,000 の電圧利得）が得られます．LT1028/LT1128 の入力段はほぼ 1 mA のコレクタ電流動作によって低電圧ノイズを達成していますが，入力バイアス電流はわずか 25 nA です．

LT1028/LT1128 の電圧ノイズは 50 Ω 抵抗のノイズ以下です．したがって，低ソース・インピーダンスのトランスジューサまたはオーディオ・アンプのアプリケーションでは全システムのノイズに対する LT1028/LT1128 の影響は無視できます．（後略）

AD8091 と LT1128 の比較を**表1**に示しました．私がよく使う超ロー・ノイズOPアンプである AD797 も参考として掲載してみました．AD797 と比較しても LT1128 のほうが電流性ノイズが低く，相当の高性能であることがわかります．

図22に**図3**のOPアンプをLT1128に交換したシミュレーション回路を，**図23**にそのシミュレーション結果を示します．AD8091 の場合と比較して，ノイズ密度スペクトルが非常に低くなっていることがわかります［同図（**a**）］．比較のために同図（**b**）に AD8091 の結果［**図19**（**a**）の再掲］を示します．

LT1128出力で得られる全ノイズ電圧実効値（RMS値）は，**図24**のように AD8091 の 20.5 $\mu\mathrm{V_{RMS}}$［**図19**（**b**）］から $3.41\,\mu\mathrm{V_{RMS}}$ まで低減しており，なんと 15.6 dB も SNR が改善しています．

■ LT1128のLPFでの電流性ノイズや抵抗のサーマル・ノイズの影響

前節で，OPアンプ回路全体におけるノイズ・ソースは，

表1 OPアンプごとのノイズ性能

型 番	電圧性ノイズ (typ)@1 kHz	電流性ノイズ (typ)@1 kHz
AD8091	$18\,\mathrm{nV}/\sqrt{\mathrm{Hz}}$	$1.8\,\mathrm{pA}/\sqrt{\mathrm{Hz}}$
LT1128	$0.85\,\mathrm{nV}/\sqrt{\mathrm{Hz}}$	$1\,\mathrm{pA}/\sqrt{\mathrm{Hz}}$
AD797（参考）	$0.9\,\mathrm{nV}/\sqrt{\mathrm{Hz}}$	$2\,\mathrm{pA}/\sqrt{\mathrm{Hz}}$

図22 図3のサレン・キー型LPFのOPアンプを超ロー・ノイズOPアンプ LT1128に交換してみる ($Q = 4$)

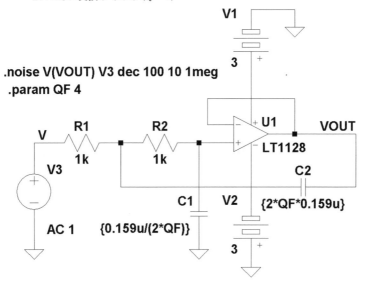

(1) OPアンプの電圧性ノイズ
(2) OPアンプの電流性ノイズ
(3) 抵抗のサーマル・ノイズ

があると示しました．これまで見てきたAD8091でのアクティブ・フィルタでは電圧性ノイズが支配的になっており，電流性ノイズは無視できるものでした．しかしLT1128ではどうなるでしょうか．簡単に見積もってみましょう．

LT1128の電流性ノイズは $1\ \text{pA}/\sqrt{\text{Hz}}$ で，使用している抵抗は図3のように $1\ \text{k}\Omega$ ですから，電流性ノイズにより抵抗で生じる電圧降下は，

$$1\text{E}-12\,[\text{A}] \times 1\text{E}3\,[\Omega] = 1\text{E}-9\,[\text{V}] = 1\ \text{nV}$$

となり，LT1128の電圧性ノイズ $0.85\ \text{nV}/\sqrt{\text{Hz}}$ を超えてしまっていることがわかります！また，実は抵抗のサーマル・ノイズも第2章で示したように，$B = 1\ \text{Hz}$ としてノイズ密度を求めると，$4.07\ \text{nV}/\sqrt{\text{Hz}}$ もあるのです！

そこで，LT1128の電圧性ノイズだけの影響をシミュレーションで見るために，回路を次のように（前節と同じように）修正してみました．

(1) 電流性ノイズで生じる電圧降下を低く抑えるため，抵抗を $1\ \Omega$ に
(2) カットオフ周波数を $1\ \text{kHz}$ に維持するため，コンデンサの大きさを1000倍に

図23 LT1128に交換したサレン・キー型LPFのノイズ・シミュレーション結果 ($Q = 4$)

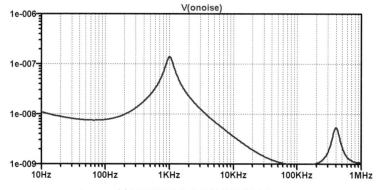

(a) LT1128でのノイズ密度スペクトル

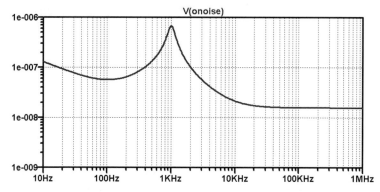

(b) 比較のためのAD8091でのノイズ密度スペクトル [図19(a)の再掲]

図24 LT1128を使用したサレン・キー型LPF (図22, 図23) の全ノイズ電圧実効値. 3.41 μV_{RMS}まで低減している

V(onoise)	
Interval Start:	10Hz
Interval End:	1MHz
Total RMS noise:	3.4063μV

(3) 抵抗1Ωを問題なく駆動できるようにするため，バッファとしてVoltage Controlled Voltage Source（VCVS）E1を追加
(4) 抵抗からのサーマル・ノイズをなくすためにLTspiceのオプション「noiseless」を各抵抗素子に追加（1Ωなのでこの影響はほぼない）

この回路図を**図25**に，またシミュレーション結果を**図26**に示します．

ノイズ密度スペクトルが非常に低くなっていることがわかります．LT1128出力での全ノイズ電圧実効値（RMS値）は，3.41 μV_{RMS}から2.06 μV_{RMS}まで低減しており，4.6 dBの改善が確認できます．AD8091の20.5 μV_{RMS}からすれば，なんと20.2 dBの*SNR*改善となるわけです．1 mV_{RMS}の入力信号に対しても，56 dBの*SNR*を確保できることになります．このようにLT1128の電流性ノイズや抵抗のサーマル・ノイズが，この回路に影響を与えているのです．

● 実際の回路では1Ωの抵抗とVCVSなんて使えない

「**図25**のような構成にすればロー・ノイズを実現できることはわかった．しかし抵抗1ΩとVCVSなんて実際の回路では使えないではないか．これは机上の空論でしかないぞ」とお思いの方もいらっしゃると思います．

ここであらためて一旦基本に戻って，「それぞれのノイズ・ソースの影響度」という点を考えてみます．OPアンプ回路全体のノイズ・ソースは下記の3つです．

図25 LT1128の電圧性ノイズの影響のみを見られるように抵抗を1Ω，コンデンサの大きさを1000倍にした（低抵抗を駆動できるようにバッファとしてVCVSも追加．*Q* = 4）

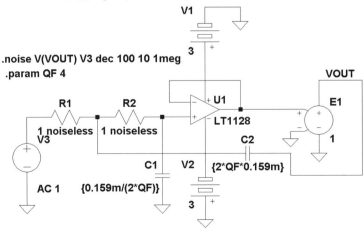

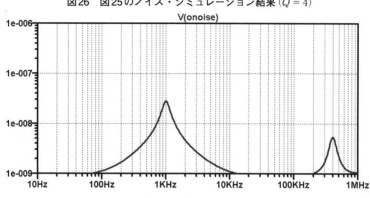

図26 図25のノイズ・シミュレーション結果 $(Q = 4)$

(a) ノイズ密度スペクトル

(b) 全ノイズ電圧実効値. 2.06 μV$_{RMS}$に低減している

- OPアンプの電圧性ノイズ
- OPアンプの電流性ノイズ
- 抵抗のサーマル・ノイズ

これらは，それぞれ相互に無関係（無相関）に振る舞うものです．そのため，それぞれはRSS (Root Sum Square；自乗和平方根) で影響度が効いてきます．第2章で示したように，RSSは，

$$V_{NALL} = \sqrt{V_{N1}^2 + V_{N2}^2 + V_{N3}^2}$$

と表され，ノイズ・ソースをV_{N1}，V_{N2}，V_{N3}とすると，それぞれは「自乗」として効いてくることになります．V_{N1}とV_{N2}が2：1であれば，V_{N2}の影響度は25％しかないことになります．

この考えを図25の机上の空論的回路に応用します．図27のように，図22の回路の抵抗を1 kΩから270 Ωにし，コンデンサは3.7倍 (1000 ÷ 270 = 3.7) にします．そうすると，抵抗による電流性ノイズの影響度は$0.27^2 = 0.073$ (7.3％) に低減できます．LT1128がドライブする負荷電流は大きめになりますが，ドライブ可能なレベルにはなります（LT1128の出力短絡電流は20 mA＠125℃）．

図27 図22の回路の抵抗を270Ωに低減し，コンデンサを3.7倍にした（$Q = 4$）

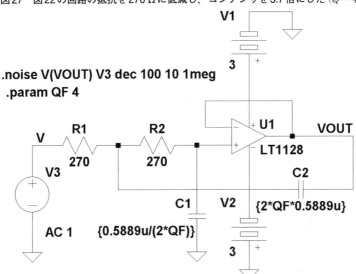

負荷電流のワーストケースを考えてみましょう．今，入力信号V3が3Vピークで，信号周波数はカットオフ周波数より十分に高いとすると，その周波数ではC_1，C_2がショートされたかたちになりますので，$V_{out} = 0$ Vになります．このとき，入力信号V3からR_1に流れる電流をすべてOPアンプ出力がシンク/ソースすることになります．そうすると，OPアンプ出力の電流は約10 mAピークになります．これはLT1128の出力短絡電流量の半分で，十分にドライブが可能だということがわかります．

● 抵抗を約1/4にするだけでかなり特性が改善する

図22の回路から抵抗を270Ωにし，コンデンサの容量を3.7倍（1000/270 = 3.7）にした図27の回路で，ノイズ・シミュレーションした結果を図28に示します．抵抗値を27%にしたところ（影響度が$0.27^2 = 0.073 = 7.3$%になること）がポイントです．同図(a)のグラフを見ても，図26の理想状態とそれほど違いが見られませんし，全ノイズ電圧実効値（RMS）を見ても，理想的な状態の2.06 μV$_{RMS}$に対して2.50 μV$_{RMS}$に上昇するのみで，これは1.8 dBのSNR劣化にしかなりません．繰り返しますが「RSSで効いてくる」ということがポイントです．ちなみに，抵抗を100Ωにすると2.21 μV$_{RMS}$（0.7 dBの劣化）になりました．

なお，この考えかたは，採用を考えているOPアンプの電圧性ノイズと電流性ノイズがどれだけあり，またそこに何Ωの抵抗を用いるかによって変わってきます．そのため

図28 図27のノイズ・シミュレーション結果 ($Q = 4$)

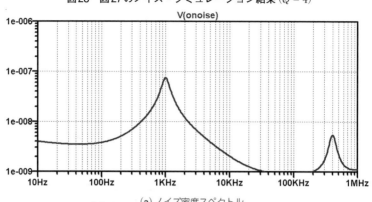

(a) ノイズ密度スペクトル

(b) 全ノイズ電圧実効値. 2.50 μV_{RMS} になっている

電圧性ノイズ＞電流性ノイズ×抵抗値
電圧性ノイズ＞抵抗のサーマル・ノイズ

が基本的な「ざっくりとした」見極め点といえるでしょう．

■ 本当にこれで最適か

「これで最適！」と本当に言い切れるでしょうか．もう少し検討してみましょう．

● シミュレーション結果の周波数軸をリニアに変えてみる

図28をよく見てみると，図の右側，100 kHzから1 MHzあたりに「ノイズの盛り上がり」が確認できます．これはどのアンプでも生じるものではないようで，図19のAD8091では観測されていません．LT1128に起因するもののようです．

ここで，図28の横軸をリニア・スケールに変えてみたものを図29に示します．マーカで測定している低域 (1000 Hz) でのノイズ密度は75 nV/$\sqrt{Hz}$ 程度になっていますが，その範囲は非常に狭いものです．一方，0.25 MHzから0.55 MHz程度までに，5 nV/$\sqrt{Hz}$ 程度をピークとした盛り上がりが確認できます．たとえば，平均2 nV/$\sqrt{Hz}$ のノイズ密度が

5-2 サレン・キー型と多重帰還型をノイズ特性の面で比較する

図29 図28のノイズ・シミュレーション結果の横軸をリニア・スケールに変えてみた

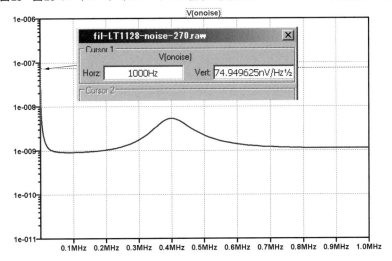

図30 図27の回路にカットオフ周波数5 kHzのポスト・フィルタを接続してみた

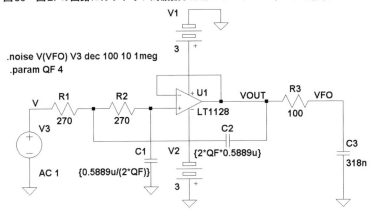

300 kHz (0.55 MHz − 0.25 MHz) に分布していると考えれば，その実効値は $1 \text{ nV}/\sqrt{\text{Hz}} \times \sqrt{300 \text{ kHz}} = 1.1 \, \mu \text{V}_{\text{RMS}}$ と計算できます．「高域に出ているノイズ密度スペクトル」は無視できないものであったわけです！

第5章 アクティブ・フィルタのノイズ特性について考察する

● カットオフ5 kHzのポスト・フィルタを接続してみる

そこで図27の回路を改良して，図30のようにカットオフが5 kHzになるようなポスト・フィルタを接続してみました．これで0.25 MHzから0.55 MHz程度にあったノイズ密度の盛り上がりをフィルタリングしてみます．

このシミュレーション結果を図31に示します．ノイズ密度の盛り上がりが低下しています．図32のように実効値も表示してみました．1.43 μV_{RMS}になっており，4.9 dBも改善していることがわかります．結構大きい改善ですね….

A-Dコンバータでの1ビット分解能相当のSNR改善は約6 dBになりますので，この4.9 dBの改善は結構大きいことがわかります．

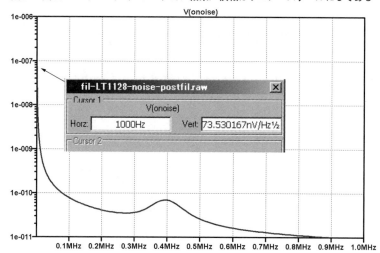

図31 図30のノイズ・シミュレーション結果．横軸はリニア・スケールにしてある

図32 図31の全ノイズ電圧実効値

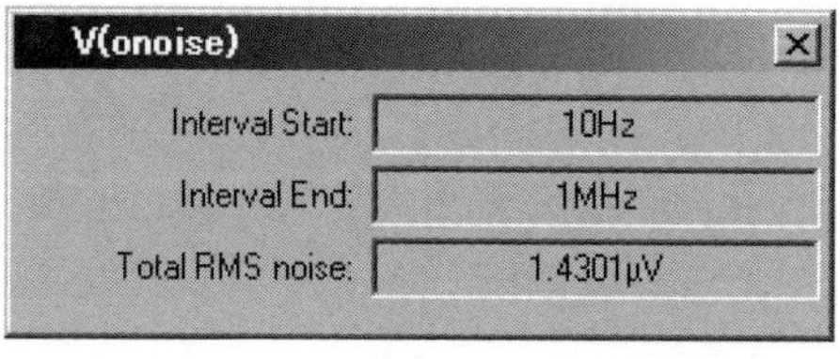

まとめ

この節では，サレン・キー型LPFと多重帰還型LPFのノイズ特性の違いと，どうすればロー・ノイズなアクティブLPFを実現できるか，OPアンプを超ロー・ノイズOPアンプのLT1128に変更して考えてきました．やればやるほど，アクティブ・フィルタのノイズ特性の最適化は奥が深いことがわかりました．
　ここでは一例をお見せしたわけですが，同じようなかたちでLTspiceを用いていろいろなアナログ回路のノイズ特性を確認することができるわけです．

5-3　複数の2次アクティブ・フィルタをカスケードにする順番を考える

　ここまで，LTspiceを活用して「アクティブLPF」のノイズ特性について，その基本的な考えかたや特性自体の検討をしてみました．
　この節では，ロー・ノイズな高次アクティブ・フィルタを実現するため，複数のOPアンプのアクティブ・フィルタ回路をカスケード（従属）に接続していくときに，Q値の異なるOPアンプ2次LPF回路をどの順番で接続していけばよいかを考えていきます．これは，ここまでの説明のように，Q値が大きくなってくると，入出力振幅伝達特性のピークよりも，ノイズ・ゲインのピークのほうが上昇率が高くなることに注意が必要だからです．

■ 高次フィルタを実現するため2次アクティブ・フィルタをカスケード接続する

　高次アクティブ・フィルタ（切れの良い，という意味）では，Q値の異なる2次LPF回路をカスケードに接続していき，多段フィルタとして目的の特性を実現します．
　表2は6次のバターワース型LPFの設計パラメータです．この値は参考文献(14)の数表から抜粋しました．このフィルタのノイズ特性を最適にするために，OPアンプをどの順番で並べていけばよいかを考えてみます．

表2[14]　6次バターワース型LPFの設計パラメータ
（カットオフ周波数1 kHz）

OPアンプ番号	ω_0 [rad/sec]	Q値
#1	$2\pi \times 1$ kHz	1.93
#2	$2\pi \times 1$ kHz	0.707
#3	$2\pi \times 1$ kHz	0.518

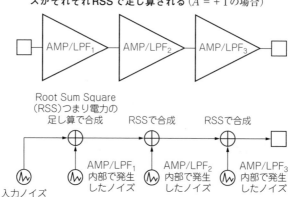

図33 多段で構成されたアクティブLPFは各段で発生するノイズがそれぞれRSSで足し算される（$A = +1$の場合）

● ロー・ノイズ回路の定石は通用するのか

図33のように，複数のゲイン段をカスケードに接続すると，各段で発生するノイズがそれぞれRSS（Root Sum Square；自乗和平方根）で合成され，出力に現れます．

また，本節の後半で示しますが，ゲイン段を多段で構成すると，前段の増幅段の増幅率で信号レベルが増大するため，その後段で発生するノイズは相対的に（見かけ上で）低くなります．そのため前段（とくに初段）をロー・ノイズな回路で設計することが「ロー・ノイズ回路の定石」となっています．

そこで，この定石が高次アクティブ・フィルタでどのようになるか（同じく適用できるはずだが…．しかしこれがなかなか…）検討してみましょう．

Q値の異なるサレン・キー型LPFのおのおののゲインを$A = +1$としたとき，$A = +2$としたとき，そしてそれぞれカスケードに並べる順番を変えたとき，出力ノイズ特性がどのように変わるかをLTspiceによるシミュレーションで確認してみます．OPアンプはここでもLT1128を使います．

● $A = +1$のサレン・キー型LPFで構成された高次アクティブ・フィルタの出力 RMSノイズをシミュレーションで得てみる

LT1128を使った3段のサレン・キー型LPFを用いて，**表2**の6次のバターワース型LPFの設計パラメータで，増幅率$A = +1$で設計した回路を**図34**に示します．この節のゴールとして，並べる順番を考えることが理由なので，この**表2**と**図34**ではQ値の大きいものから小さいものへと3段のカスケード接続にしてあるので注意してください．

この回路はACシミュレーション用のものです．ACシミュレーションによるフィルタ特

5-3 複数の2次アクティブ・フィルタをカスケードにする順番を考える

図34 3段のLT1128サレン・キー型LPFを用いた6次バターワース型LPF

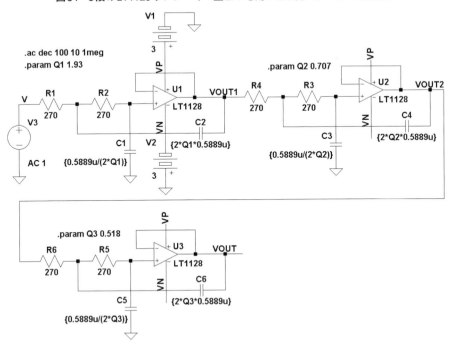

性を図35に示します．きれいなフィルタ形状になっています．バターワース型フィルタの特徴は，このように通過域の特性がフラットになります．また，50 kHz付近で跳ね返りが見えますが，その理由などは，この節の後半で説明します．

この6次バターワース型LPF回路でノイズ・シミュレーションしたものを図36に示します．ノイズ密度スペクトルのレベルが低いため，$1\mathrm{E}-10\,\mathrm{V}/\sqrt{\mathrm{Hz}} \sim 1\mathrm{E}-6\,\mathrm{V}/\sqrt{\mathrm{Hz}}$ のレンジで表示してあります．前節の図28とは異なった縦軸のレンジとなっています．その図も図37として再掲しますが，この図37でもレンジを $1\mathrm{E}-10\,\mathrm{V}/\sqrt{\mathrm{Hz}} \sim 1\mathrm{E}-6\,\mathrm{V}/\sqrt{\mathrm{Hz}}$ に変更してあります．

前節の図27や図28では $Q=4$ でしたが，ここでは最大で $Q=1.93$（初段）になっているため，ノイズ・ゲインも低くなります．その結果，6次の高次LPFですが，出力のノイズ密度スペクトルが低減しています．そのために縦軸のレンジ修正をしていたのでした．

つづいて全ノイズ電圧実効値（RMS値）を得るため，CTRLキーを押しながらグラフ領域のV(onoise)のラベルを左クリックしてみます．図38のように，$2.02\,\mu\mathrm{V}_{\mathrm{RMS}}$ という答えが得られました…．これがベスト・パフォーマンスなのでしょうか…．

図35 図34の6次バターワース型LPFのフィルタ特性

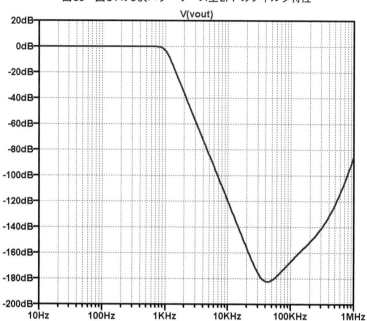

図36 図34の回路のノイズ・シミュレーション結果(縦軸のレンジは1E-10から1E-6の範囲とした)

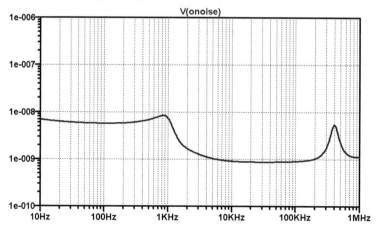

5-3 複数の2次アクティブ・フィルタをカスケードにする順番を考える

図37 〔参考〕前節の図28再掲.同節の図27（サレン・キー型LPFで抵抗を270 Ωに低減し，コンデンサ3.7倍にした．なお$Q=4$の条件）のノイズ密度スペクトル（縦軸のレンジは1E-10から1E-6の範囲とした）

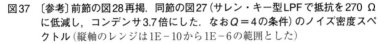

図38 図36の結果から全ノイズ電圧実効値を得た

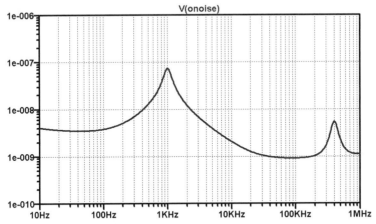

図39 図34の出力にカットオフが5kHzになるポスト・フィルタを接続した

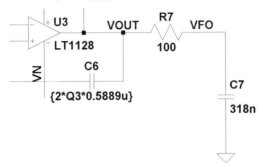

図40 図39のポスト・フィルタを接続した回路出力のノイズ・シミュレーション結果

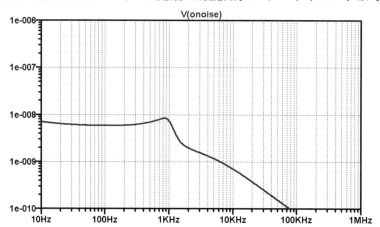

図41 図40の結果から全ノイズ電圧実効値を得た．全ノイズ電圧実効値が2.02 μV_{RMS}から0.28 μV_{RMS}に改善している

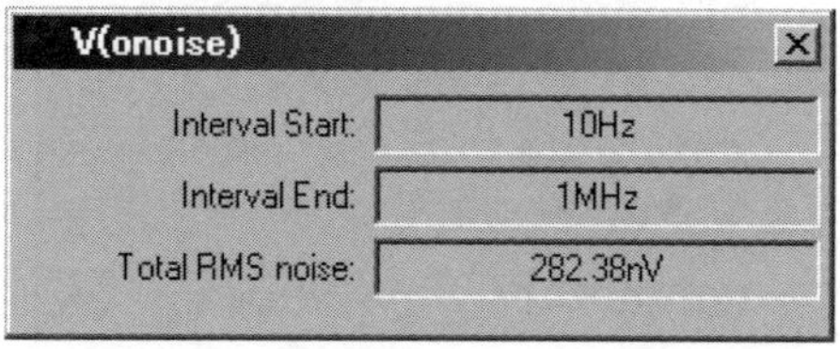

■ 得られたノイズ特性は最適なのか（$A = +1$のケース）
● 高域に出ているノイズの盛り上がりを除去する

ここでも前節で示したような，400 kHzをピークとするノイズの盛り上がりが観測されています．そこで図39のように，図34の回路出力にカットオフが5 kHzになるようなポスト・フィルタを接続してみます．

この条件でシミュレーションしてみた結果を図40に示します．ポスト・フィルタの接続によって高域のノイズが低下しており，それにより図41のように，全ノイズ電圧実効値が2.02 μV_{RMS}から0.28 μV_{RMS}に，なんと17 dBも改善しています．

図42 図34の初段と2段目出力の全ノイズ電圧実効値を得た(図39のポスト・フィルタを経由)

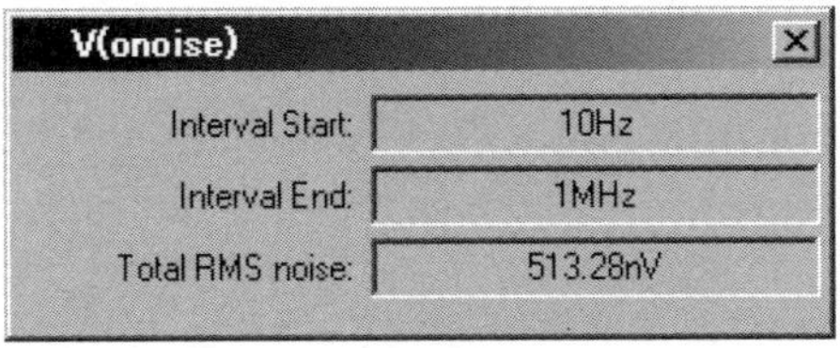

```
V(onoise)                      [X]
  Interval Start:    10Hz
  Interval End:      1MHz
  Total RMS noise:   513.28nV
```

(a) 初段出力の全ノイズ電圧実効値

```
V(onoise)                      [X]
  Interval Start:    10Hz
  Interval End:      1MHz
  Total RMS noise:   382.72nV
```

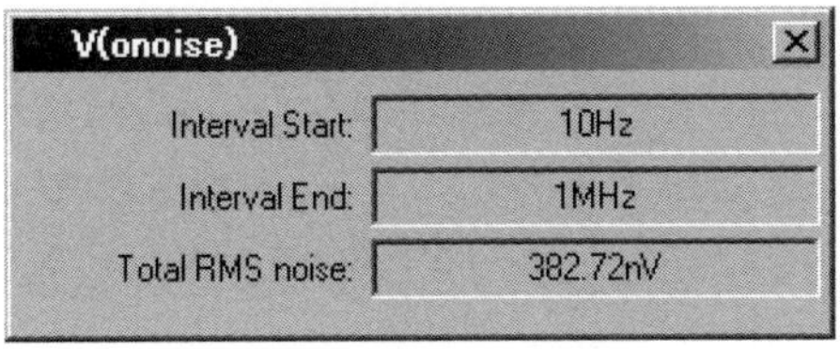

(b) 2段目出力の全ノイズ電圧実効値

● **各段の影響度を調べてみる**

あらためて問いかけます．ここで得られたノイズ性能がベスト・パフォーマンスなのでしょうか…．それを確認するために，初段と2段目のサレン・キー型LPF出力の全ノイズ電圧実効値(RMS値)もそれぞれ求めてみましょう．なお，前節の**図28**では，$Q = 4$でQ値が高かったわけですが，ここでは初段は$Q = 1.93$なので，この違いも少し出てきます．

この結果を**図42**に示します．初段が513.28 nV_{RMS} [同図(a)]，2段目が382.72 nV_{RMS} [同図(b)]です．出力は**図41**のように282.38 nV_{RMS} でしたから，なんと…，初段のサレン・キー型LPFのRMSノイズが一番大きく，後段にいくに従い減っています．これは，Q値の大きいものから小さいものへと3段のカスケード接続にしたため，初段での全ノイズ電圧実効値が大きく，その1 kHz付近でのノイズ・ピークの盛り上がりが後段のサレン・キー型LPFでフィルタリングされるからなのですね…．

● **サレン・キー型LPFのQ値の順番を逆順にしてみると「Q値の大きいものから並べたほうが出力ノイズが低い」ことがわかった…**

そうすると「接続の順番を逆順にするとどうなるか？」という疑問が当然出てくるわけです．そこで**図34**の回路でQ値ごとの並べる順番を降順(ここまで見てきたQ値の大きい順)，昇順(Q値の小さい順)にして，各段の全ノイズ電圧実効値を得た結果を**表3**に示します．「降順(Q値の大きい順)」のほうは**図41**，**図42**で示したもの，「昇順(Q値の小さい順)」はあらためてシミュレーションしてみたものです．

表3 6次バターワース型LPF（$A = +1$）でQ値
の順を並べ替えて各段ごとの全ノイズ電圧
実効値を得た（ノイズ電圧表記は実効値）

OPアンプ番号	Q値の大きい順 （降順）	Q値の小さい順 （昇順）
#1（初段）	513.28 nV	177.68 nV
#2（2段目）	382.72 nV	221.1 nV
#3（出力）	282.38 nV	558.07 nV

　この結果を見ると，「Q値の大きいものから小さいもの」へと並べたほうが，出力ノイズが低いことがわかります．これは，各段のサレン・キー型LPFのOPアンプが$A = +1$であること，各段のノイズ・ピークがその後段のサレン・キー型LPFでフィルタされることが理由といえるでしょう．

　図33の考えかたからすると，この回路は$A = +1$なので，各段のノイズはそのまま出力ノイズにRSS（Root Sum Square）の足し算として現れることになりますが，各段のノイズは，その後段のサレン・キー型LPFでフィルタされて低減しているわけです．

　なお，この検討結果はバターワース型LPFを例として示しました．高次バターワース型アクティブ・フィルタで2次アクティブLPFをカスケードに接続する場合，それぞれの2次アクティブLPFのパラメータω_0はすべて等しくなります．それが各段のフィルタ・カーブとあいまって「Q値の大きいものから小さいもの」という結果になったとも考えられます．

　しかし，チェビシェフ型フィルタなどはω_0が2次アクティブLPFの段ごとで異なります．そのため異なる結果になる可能もありますので，注意してください．

　とはいえLTspiceを使えば，きちんと特性検討することができるわけですね．

■ 得られたノイズ特性は最適なのか（$A = +2$のケース）

　$A = +1$のサレン・キー型LPFで，高次バターワース型アクティブ・フィルタを実現するときは，「Q値の大きいものから小さいもの」と並べたほうがロー・ノイズに実現できることがわかりました．それでは，サレン・キー型LPF各段に増幅度をもたせたケースではどうなるでしょうか．ここでは$A = +2$のケースで考えたいと思います．

　図43はLT1128で作った6次バターワース型LPFです（各段は$A = +2$）．設計パラメータは表3と同じで，Q値の大きいものから並べてあります．この回路図はACシミュレーション用の回路で，図39のポスト・フィルタも接続されています．また，増幅率を0 dBに正規化するためVoltage Controlled Voltage Source（VCVS）で0.125（1/8）倍にポスト・フィルタ前でスケーリングしてあります．

図43 6次バターワース型LPFを$A=+2$のサレン・キー型LPF 3段で構成した

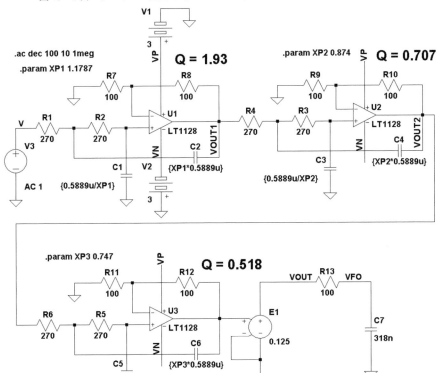

図43の周波数特性のシミュレーション結果を図44に示します．通過帯域がきちんと平坦になっており，バターワース型としての定数設計が正しいことがわかります．

ところで$A=+2$であれば，LT1128でなくLT1028を使うこともできます（LT1028はノイズ・ゲイン2以上で安定なため）．

● それぞれのサレン・キー型LPFを$A=+2$で構成したときの出力RMSノイズをシミュレーションで得てみる

つづいて，この回路をノイズ・シミュレーションしてみましょう．シミュレーション結果を図45に示します．全ノイズ電圧実効値（RMS値）も図46に示します．

なんと！ 表2のQ値の大きいものから並べていったケースよりロー・ノイズな回路になっ

図44 図43の6次バターワース型LPFの周波数特性

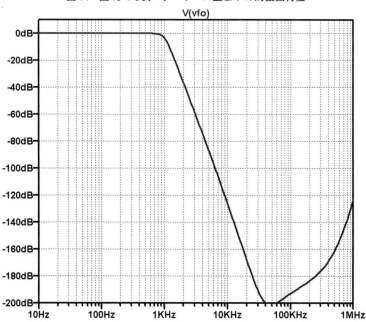

図45 図43の6次バターワース型LPF出力のノイズ・シミュレーション結果

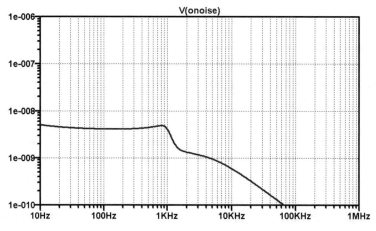

5-3 複数の2次アクティブ・フィルタをカスケードにする順番を考える

図46 図43の初段と2段目出力の全ノイズ電圧実効値を得た（図39のポスト・フィルタを経由）

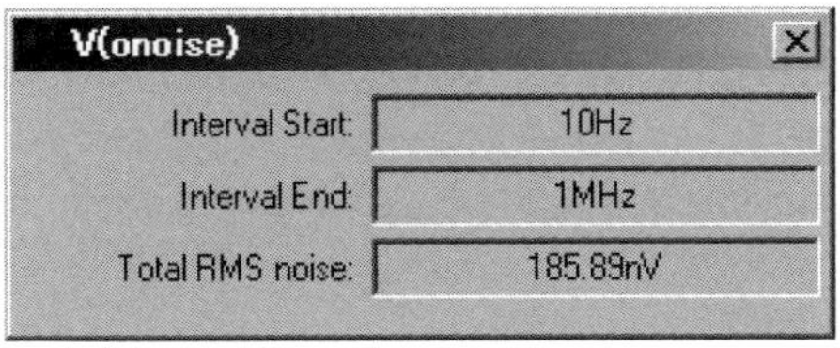

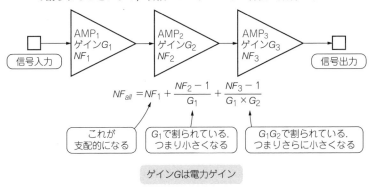

図47 多段で構成されたゲイン段では，ある段のノイズは前段のアンプのゲインで割られることにより，初段のアンプのノイズ特性が顕著になる

ていますね！ VCVSモデルで0.125倍になっているので，回路全体の増幅率が0 dBに正規化されています．そのため，得られたノイズ量は入力換算量に相当し，**図34**の回路と同じ土俵で比較することができるわけです．

ロー・ノイズになっているのは，ゲイン段を多段で構成すると，前段の増幅段の増幅度で信号レベルが増大するため，その後段で発生するノイズは相対的に（見かけ上で）低くなるという「ロー・ノイズ回路の定石」がしくみです（詳しくは次に示す）．2段目以降の影響度が低減しているわけです．

だいぶノイズ特性が良好になってきました．しかし，ここまでは $A = +1$ のケースで良好だった結果に合わせて，Q 値の大きいものから並べてありました．$A = +2$ のケースでも，Q 値の大きいものから並べたほうが高性能なのでしょうか….

■ なかなか思いどおりの展開にいかない

私の思い描いていたこの節のストーリー展開として，図47のようなものがありました．

● 多段アンプのノイズ特性は初段アンプの特性が支配的になる

これまで示してきたように，カスケードに多段で構成されたゲイン段では，前段の増幅段のゲインで信号レベルが増大するため，その後段で発生するノイズは相対的に（見かけ上）低くなります．

全体のノイズ特性

$$F_{TOT} = F_1 + \frac{F_2 - 1}{G_1} + \frac{F_3 - 1}{G_1 G_2}$$

の各段のノイズ特性（F_1, F_2, F_3）の影響度は，前段のアンプの電力ゲイン（G_1, G_2）で割られることになります．これが，この説明についての数式的なしくみです．ただし，

$$F = 10^{(NF/10)} = \frac{SNR_{IN}}{SNR_{OUT}}$$

もしくは，

$$NF = 10 \log F$$

ここで，Fは真値となるNoise Factor，NFはdBで表されるNoise Figure，G_nは各段の電力ゲインです．SNR_{IN}, SNR_{OUT}は，そのアンプの入出力でのそれぞれのSNR（Signal to Noise Ratio．ただし電力の比）です．G_nは電力ゲイン，つまり電力増幅率として考えるもので，これに基づいた，「初段アンプのノイズ特性が支配的になる」という有名な回路設計の定石です．このため初段アンプにLNA（Low Noise Amp）が用いられるのです．

● 多段（高次）フィルタのノイズ特性も初段の特性が支配的になる？

これをアナロジー（類推）として考えれば，6次バターワース型LPFのノイズ特性も，式のように初段LPFのノイズ特性が支配的になるはずです．そして，これまでのことも考えれば，次のようなことが類推できます．

（1）サレン・キー型LPFのQ値が「小さい」ほうがLPF自体のノイズは少ない

表4　$A = +2$のサレン・キー型LPFを用いた6次バターワース型LPFでQ値の順を並べ替えて各段ごとの全ノイズ電圧実効値を得た（ノイズ電圧表記は実効値．各段はVCVSにより入力換算にスケーリングしてある）

OPアンプ番号	Q値の大きい順	Q値の小さい順
#1（初段）	321.5 nV	204.73 nV
#2（2段目）	248.39 nV	179.86 nV
#3（出力）	185.89 nV	215.23 nV

(2) ここでは各段のサレン・キー型LPFは増幅率をもたせている ($A = +2$).
(3) 図47のように初段のノイズ特性が支配的になるなら，初段LPFのQ値が「小さい」ほうがノイズ特性が良好になるはず

そこで，$A = +2$で，Q値の「小さい」ものから昇順に並べるとどうなるか，シミュレーションで確認してみたいと思います．

シミュレーション結果を表4に示します．なんと…，$A = +2$においても表3と同じく，Q値の「大きい」ものから並べたほうが，ロー・ノイズを実現できる結果になってしまいました…．つまり，この例では答えは逆で，

(4) Q値の「大きい」ものから並べたほうが，ロー・ノイズを実現できている（あくまでもこの例では，だが…）

ということです．「とほほ…」です．私は図47の「初段アンプのノイズ特性が支配的」ということが頭にあり，それが思い描いていたこの節のストーリー展開でした．しかし，あいにくここまでの結果は「そうはさせまじ」という展開になってしまっているのでした…．

この理由は，各段（とくに初段）の増幅率が低いために，初段で増幅された信号レベルが後段のノイズ・レベルを圧倒しきれていないことが挙げられます．

そこで，初段の増幅率を十分に大きくしたときに，どのようなノイズ特性が実現可能かを検討してみましょう．

● 初段の増幅率を十分に大きくしたときにはどのようなノイズ特性になるだろうか

初段の増幅率を十分に大きくすることを考察したときに，まずどのように初段を構成すればロー・ノイズな特性が得られるかを考えます．サレン・キー型LPFのノイズ特性としては，表3と表4から異なるQごと，$A = +1$と$A = +2$の条件で比較してみると，$Q = 0.518$，$A = +1$のほうがロー・ノイズになっています．これを初段として採用します．

これで図48のような回路を作りました．サレン・キー型LPFとして増幅度をもたせてもよいのでしょうが，$A = +1$のほうがロー・ノイズでもあり，まずはしくみを確認するだけなので，初段LPFのあとに10倍のゲイン段をVCVSで設定しました．全体で10倍の増幅率がありますので，出力には$1/10 = 0.1$の補正回路を（入力換算の結果を得られるように）VCVSで入れてみました．

このシミュレーション結果（全ノイズ電圧実効値；RMS値）を図49に示します．172.25 nV$_{RMS}$となりました．おお！予想どおりの結果が得られます（ウキウキ）．

といっても，表3のQ値の「大きい」ものから並べたほうの結果，185.89 nV$_{RMS}$とたいして変わりませんね…．「ううむ…，なかなか思い通りの展開にいかないぞ（汗）」という感じです．

気をとりなおして，「まあ，理論どおり特性が良好になるのだろうし，ならば実際の回路に変えてみるか」とばかりに，実回路として図50のように（図48のVCVSで作ったゲイン

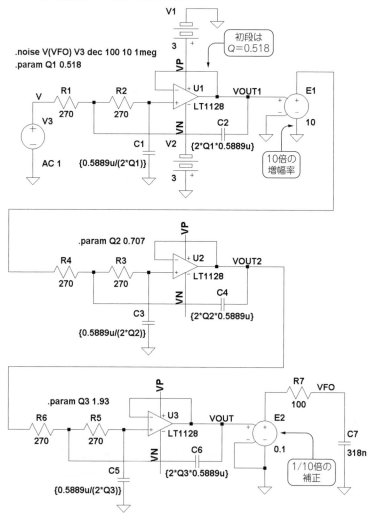

図48 初段LPFのノイズ特性が支配的になるように，初段のあとにVCVSによる10倍のゲイン段をつけてみた

段を実際の回路にすべく），初段のサレン・キー型LPFを $A = +10$ としてみました．出力には $1/10 = 0.1$ の補正回路を（入力換算の結果を得られるように）入れてあります．

このシミュレーション結果(全ノイズ電圧実効値)を**図51**に示します．ノイズ・レベルが $229.75\ \text{nV}_{\text{RMS}}$ で大きくなっています…（またまたトホホ…）．

図49　図48で得られた全ノイズ電圧実効値．ポスト・フィルタを経由し入力換算レベルに補正した値

V(onoise)
Interval Start:
10Hz
Interval End:
1MHz
Total RMS noise:
172.25nV

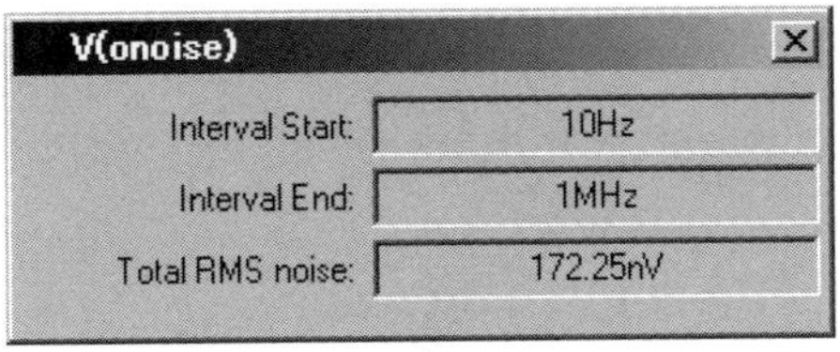

図50　初段のサレン・キー型LPFの増幅率を10倍にしてみた（6次フィルタ全体で10倍になる）

V1
3
VP
Q = 0.518
.noise V(VFO) V3 dec 100 10 1meg
.param XP1=0.376
R9
100
R8
900
U1
LT1128
V
R2
270
R1
270
V3
AC 1
C1
{0.5889u/XP1}
VN
V2
3
C2
{XP1*0.5889u}
VOUT1

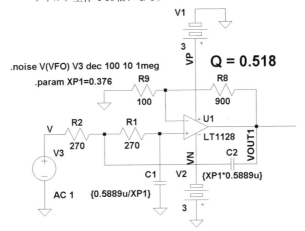

図51　図50を初段とした6次フィルタで得られた全ノイズ電圧実効値．ポスト・フィルタを経由し入力換算レベルに補正した値

V(onoise)
Interval Start:
10Hz
Interval End:
1MHz
Total RMS noise:
229.75nV

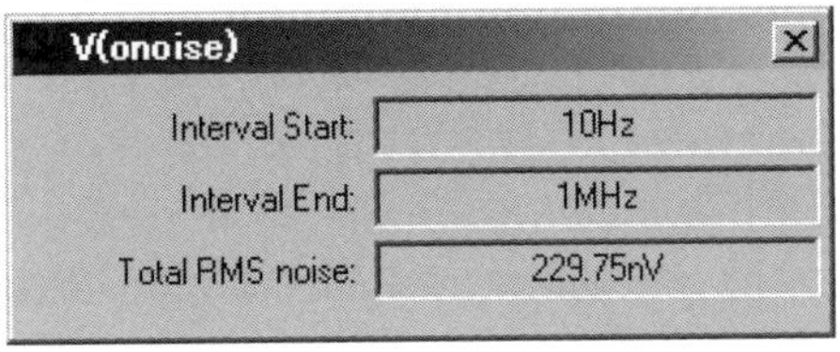

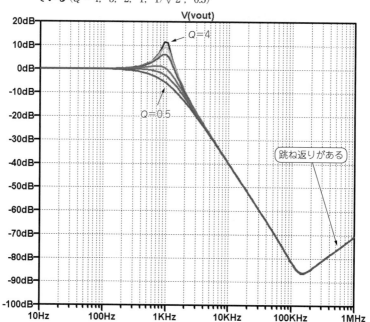

図52 AD8091でサレン・キー型LPFを構成．130 kHz，85 dB程度で底を打っている（$Q = 4, 3, 2, 1, 1/\sqrt{2}, 0.5$）

● 結局はシミュレータで順番を入れ換えたシミュレーションを行い，どちらが良いかを確認する必要あり

　ホント，「ううむ…，なかなか自分の思いどおりの展開にいかないぞ（汗）」という感じですね（笑）．詳細は未検討ですが，シミュレーション結果を見てみると，サレン・キー型LPFの動作ゲインを上げていくと，それに応じて入力換算ノイズも増大してくるようです…．結果的にこの節の検討では，各段の増幅率を $A = +2$ として，Q 値の「大きい」ものから並べると一番良好なロー・ノイズ特性を実現できる，という結果になりました．

　これらのことから痛くわかることは，結局はLTspiceのシミュレーションで，各段の増幅率を変更したり，順番を入れ換えたりしてシミュレーションを行い，どれが良いかを確認する必要があるということです．「LTspiceで便利にできますよ！」とはいえますが，一発ホールイン・ワンで最適なノイズ特性を実現するということは難しそうです…．

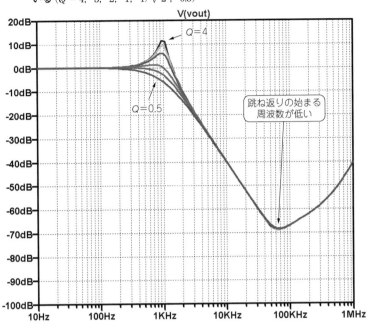

図53 LT1128でサレン・キー型LPFを構成. 10 kHz, 80 dB程度で底を打っている ($Q=4, 3, 2, 1, 1/\sqrt{2}, 0.5$)

■ サレン・キー型LPFの弱点

ノイズ特性は多重帰還型LPFよりも, サレン・キー型LPFを利用したほうが良好だということが, ここまでの検討でわかりました. それでは「サレン・キー型LPFがベスト」となるのでしょうか.

サレン・キー型LPFには「跳ね返り」の問題があります. それを少しここで示しておきましょう.

図52にAD8091でサレン・キー型LPFを構成したときのフィルタ特性を示します. 130 kHz付近でフィルタ特性の跳ね返りがあることがわかります. これは, OPアンプのオープンループ・ゲインが低減してくるあたりで, フィルタとして動作すべきOPアンプの能力が得られなくなってくることが原因です.

このようすをLT1128でも検討してみます. 図53はLT1128でサレン・キー型LPFを構成したフィルタ特性です. AD8091と比較しても低い周波数で跳ね返りがあることがわかります.

一方, 図54はAD8091で多重帰還型LPFを構成したフィルタ特性です. 図52や図53で

図54 AD8091で多重帰還型LPFを構成．120 dBまで表示しているが底打ちがない（$Q = 4$，3，2，1，$1/\sqrt{2}$，0.5）

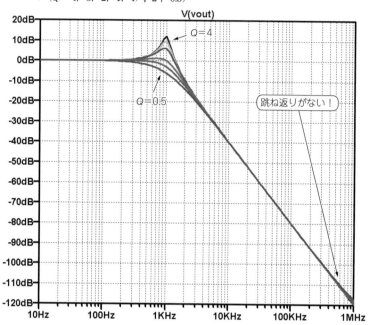

見られた跳ね返りが生じていません．このように，阻止域（ストップ・バンド，減衰域）での特性は多重帰還型LPFのほうが良好なのです．サレン・キー型LPFに弱点があることがわかりますね．

まとめ

　本節では，多段にカスケード接続した高次LPFで，ノイズ特性を最適化するにはどうするのがよいかを検討してきました．

　いろいろ示してきましたが，結局は大変残念なことにホールイン・ワンで最適化する方法はなさそうだという結論に至ってしまいました．LTspiceのシミュレーションで，各段の増幅率を変更したり，順番を入れ換えてシミュレーションを行い，どれが良いかを確認する必要があるということです．

　本章では，LTspiceによるアクティブ・フィルタのノイズ解析の一例をお見せしたわけですが，同じようなかたちで，LTspiceを用いて多岐の回路のノイズ特性を確認することができるわけです．

◘参考・引用＊文献◘

(1) https://en.wikipedia.org/wiki/Wien_bridge_oscillator
(2) AD797データシート，アナログ・デバイセズ，http://www.analog.com/jp/ad797
(3) R. D. Middlebrook; Measurement of Loop Gain in Feedback Systems, International Journal of Electronics, Vol. 38, Issue 4, pp. 485 – 512, 1975.
(4) http://www.ni.com/pdf/manuals/374482c.pdf
(5) https://en.wikipedia.org/wiki/Johnson%E2%80%93Nyquist_noise
(6) ＊アナログ・デバイセズ著，電子回路技術研究会訳；OPアンプの実装と周辺回路の実用技術，p.29，2004年，CQ出版社．
(7) ＊Walt Jung; Op Amp Applications, Section 7：Hardware and Housekeeping Techniques, Analog Devices, 2005. [(6)の原典] http://www.analog.com/media/en/training-seminars/design-handbooks/Op-Amp-Applications/Section7.pdf
(8) 石井 聡；アナログ・センスで正しい電子回路計測，2015年，CQ出版社．
(9) A. S. Hornby; Oxford Advanced Learner's Dictionary of Current English, Seventh Edition, Oxford University Press, 旺文社．
(10) https://ja.wikipedia.org/wiki/スーパーインポーズ（映像編集）
(11) アナログ・デバイセズ；計装アンプの設計ガイド，第3版，http://www.analog.com/jp/education/education-library/dh-designers-guide-to-instrumentation-amps.html
(12) Walt Jung; OPアンプ大全，Analog Devices, http://www.analog.com/jp/education/landing-pages/003/opamp-application-handbook.html [(6)，(7)の全章]
(13) Undocumented LTspice, LT wiki；http://ltwiki.org/index.php5?title=Undocumented_LTspice
(14) 柳沢 健，金光 磐；アクティブフィルタの設計，1973年，株式会社産報．

索 引

■ あ行

アクティブ・フィルタ ············ 221
アベレージング ················ 104
異常発振 ···················· 146
位相変動 ···················· 138
一巡伝達関数 ·················· 32
ウィーン・ブリッジ発振器 ········· 9
オープン・ループ・ゲイン ········ 32

■ か行

開ループ・シミュレーション ······· 30
開ループ利得 ·················· 32
回路シミュレータ ··············· 9
重ね合わせの理 ················ 177
カスケード ············ 90, 225, 251
仮想測定器 ···················· 30
完全差動型 ···················· 205
帰還 ························· 10
帰還抵抗 ······················ 75
寄生容量 ····················· 207
金属皮膜抵抗 ··················· 88
偶数次歪み ··················· 168
グラウンド・インピーダンス ······ 175
グラウンド・ポイント間の
　インピーダンス ············ 166

グラウンド・ライン ············· 165
クレスト・ファクタ ············· 106
クローズド・ループ・ゲイン ······ 36
計装アンプ ··················· 205
高次フィルタ ················· 251
コモンモード・ノイズ ··········· 163
コモンモード除去比 ······ 174, 193
コモンモード電圧 ·············· 163
コモンモード電圧源抵抗 ········· 198

■ さ行

サーマル・ノイズ ······ 55, 99, 222
鎖交磁束 ····················· 164
雑音 ························· 55
差電圧アンプ ················· 183
差電圧源抵抗 ················· 200
差動回路 ··············· 163, 167
差動線路への結合度 ············ 171
差動伝送 ····················· 167
差動モード容量 ··············· 125
差分電圧 ····················· 163
サレン・キー型LPF ······ 224, 236
時間領域 ······················ 14
周波数領域 ···················· 14

出力ノイズ電圧密度 ・・・・・・・・・・・・・・・ 226
ジョンソン・ノイズ ・・・・・・・・・・・・・・・ 55
信号源抵抗 ・・・・・・・・・・・・・・・・ 81, 84
水晶発振回路 ・・・・・・・・・・・・・・・・・・ 134
ステップ応答 ・・・・・・・・・・・・・・・・・・ 96
スルー・レート ・・・・・・・・・・・・ 96, 120
正帰還 ・・・・・・・・・・・・・・・・・・・・・・・・ 10
全ノイズ電圧実効値 ・・・・・・・・・・・・・・ 227
線路間のアンバランス ・・・・・・・・・・・・ 172

■ た行

対地静電容量 ・・・・・・・・・・・・・・・・・・ 207
多重帰還型LPF ・・・・・・・・・・・・・・・・ 236
端子間容量 ・・・・・・・・・・・・・・・・・・・・ 211
炭素皮膜抵抗 ・・・・・・・・・・・・・・・・・・ 88
タンタル・コンデンサ ・・・・・・・・・・・・ 42
直並列変換 ・・・・・・・・・・・・・・・・・・・・ 40
低周波アナログ回路 ・・・・・・・・・・・・・・ 140
低入力容量アンプ回路 ・・・・・・・・・・・・ 123
ディファレンス・アンプ ・・・・・・ 183, 192
デカップリング ・・・・・・・・・・・・・・・・ 156
テブナンの定理 ・・・・・・・・・・・・・・・・ 190
電圧オフセット ・・・・・・・・・・・・・・・・ 178
電圧源抵抗 ・・・・・・・・・・・・・・・・・・・・ 205
電圧性ノイズ ・・・・・・・・・・・・・・ 72, 222
電圧ノイズ源 ・・・・・・・・・・・・・・・・・・ 68
電源電圧変動除去比 ・・・・・・・・・・・・・・ 21
電流検出アンプ ・・・・・・・・・・・・・・・・ 203

電流シャント・モニタ ・・・・・・・・・・・・ 203
電流性ノイズ ・・・・・・・・・・・・・・ 72, 222
電流ノイズ ・・・・・・・・・・・・・・・・・・・・ 69
等価電流ノイズ源 ・・・・・・・・・・・・・・・・ 68
等価ノイズ抵抗 ・・・・・・・・・・・・・・ 84, 88
同相成分 ・・・・・・・・・・・・・・・・・・・・・・ 163
同相モード ・・・・・・・・・・・・・・・・・・・・ 163
同相モード容量 ・・・・・・・・・・・・・・・・ 125

■ な行

ナイキスト・ノイズ ・・・・・・・・・・・・・・ 56
入力換算電圧性ノイズ密度 ・・・・・・・・ 108
入力換算電流性ノイズ密度 ・・・・・・・・ 114
入力換算等価電圧源 ・・・・・・・・・・・・・・ 78
入力換算等価電流源 ・・・・・・・・・・・・・・ 78
入力換算ノイズ ・・・・・・・・・・・・・・・・ 61
入力換算ノイズ電圧密度 ・・・・・・・・・・ 226
入力抵抗 ・・・・・・・・・・・・・・・・・・・・・・ 188
入力容量 ・・・・・・・・・・・・・・・・・・・・・・ 125
入力容量の低いOPアンプ ・・・・・・・・ 157
熱雑音 ・・・・・・・・・・・・・・・・・・・・・・・・ 55
ノイズ ・・・・・・・・・・・・・・・・・・・・・・・・ 55
ノイズ・ゲイン ・・・・・・・・・・・ 224, 229
ノイズ・シミュレーション ・・・・・・・・ 61
ノイズ・マーカ ・・・・・・・・・・・・・・・・ 103
ノイズ解析 ・・・・・・・・・・・・・・・・・・・・ 225
ノイズ源 ・・・・・・・・・・・・・・・・・・・・・・ 58
ノイズ特性 ・・・・・・・・・・・・・・・・・・・・ 221

ノーマルモード ・・・・・・・・・・・・・・・・・・・ 163

■ は行

バイアス抵抗 ・・・・・・・・・・・・・・・・・・・・ 139
バイアス電流 ・・・・・・・・・・・・・・・・・・・・ 135
波高率 ・・・・・・・・・・・・・・・・・・・・・・・・・・・ 106
バターワース型LPF ・・・・・・・・・・・・・ 251
パターン・レイアウト ・・・・・・・・・・・ 149
発振原理 ・・・・・・・・・・・・・・・・・・・・・・・・・ 11
跳ね返り ・・・・・・・・・・・・・・・・・・・・・・・・ 267
フィードバック ・・・・・・・・・・・・・・・・・・ 10
フォト・ダイオード ・・・・・・・・・・・・・・ 84
負帰還 ・・・・・・・・・・・・・・・・・・・・・・・・・・・ 10
浮遊容量 ・・・・・・・・・・・・・・・・・・・・・・・・ 207
プリント基板 ・・・・・・・・・・・・・・・・・・・ 123
プロトタイプ製作 ・・・・・・・・・・・・・・ 123
分解能帯域幅 ・・・・・・・・・・・・・・・・・・・・ 21
並直列変換 ・・・・・・・・・・・・・・・・・・・・・・ 40
平面パターンのインダクタンス ・・・・・・ 133
ボーデ・プロッタ ・・・・・・・・・・・・・・・・ 35
補償回路 ・・・・・・・・・・・・・・・・・・・・・・・・ 214
ポスト・フィルタ ・・・・・・・・・・・・・・・ 250
ホワイト・ノイズ ・・・・・・・・・・・・・・・・ 56

■ ま行

魔法の指 ・・・・・・・・・・・・・・・・・・・・・・・・ 148
ミドルブルック法 ・・・・・・・・・・・・・・・・ 33
迷結合 ・・・・・・・・・・・・・・・・・・・・・・・・・・ 147

■ ら行

ランプ ・・・・・・・・・・・・・・・・・・・・・・・・・・・・ 9
利得制御回路 ・・・・・・・・・・・・・・・・・・・・ 24
ループ・ゲイン ・・・・・・・・・・・・・・・・・・ 32
レイアウト・テクニック ・・・・・・・・ 123
ロー・ノイズOPアンプ ・・・・・・・・・・ 71

■ わ行

ワイヤのインダクタンス ・・・・・・・・ 133

■ 数字

0Vの電圧源 ・・・・・・・・・・・・・・・・・・・・・ 43

■ アルファベット

AD603 ・・・・・・・・・・・・・・・・・・・・・・・・・ 141
AD737 ・・・・・・・・・・・・・・・・・・・・・・・・・ 106
AD797 ・・・・・・・・・・・・・・・・・・ 19, 71, 91
AD8021 ・・・・・・・・・・・・・・・・・・・・・・・・ 123
AD8091 ・・・・・・・・・・・・・・・・・・・ 231, 240
AD8092 ・・・・・・・・・・・・・・・・・・・・・・・・ 141
AD8217 ・・・・・・・・・・・・・・・・・・・・・・・・ 203
AD8274 ・・・・・・・・・・・・・・・・・・・・・・・・ 187
AD8479 ・・・・・・・・・・・・・・・・・・・・・・・・ 184
AD8666 ・・・・・・・・・・・・・・・・・・・・・・・・ 180
ADA4891-1 ・・・・・・・・・・・・・・・・・・・・ 175
ADIsimPE ・・・・・・・・・・・・・・・・・・・・・ 166
ADP3330 ・・・・・・・・・・・・・・・・・・・・・・・・ 40
anyCAP ・・・・・・・・・・・・・・・・・・・・・・・・・ 40
$A\beta$ ・・・・・・・・・・・・・・・・・・・・・・・・・・・・・ 10

CMRR ································ 174, 192, 207	OPアンプのノイズ・モデル ····· 72, 221
Dead Bug ······························· 127	Post Processor ···················· 39, 47
Friisの式 ······························· 90	PSRR ································ 21
inoise_spectrum ···················· 226	Q値 ···························· 225, 257
Laplace Transfer Function ·········· 196	RBW ································ 21
LDO ································· 40	REF端子 ··························· 190
LDO不安定性 ························ 39	RMSノイズ量 ······················· 83
LNA ································ 143	RSS ····························· 59, 246
LT1128 ······························· 242	S/N ································· 90
LTspice ······························ 224	SNR ································· 262
Multi Step解析 ······················ 218	SPICE ································ 9
NF ·························· 89, 262	True RMS ··························· 106
NI Multisim ··············· 12, 55, 137	VGA ································ 142
noiseless ···························· 235	VOLTAGE_SUMMER ············· 35
onoise_spectrum ···················· 226	

MEMO

MEMO

MEMO

本書に関連するウェブ・サイトをご紹介しておきます．
QRコードも用意しましたので，ご活用ください．

● アナログ・デバイセズのウェブ・サイト

　http://www.analog.com/jp

● 一緒に学ぼう！石井聡の回路設計WEBラボ

　http://www.analog.com/jp/weblabcq

著者略歴

石井　聡（いしい・さとる）

- 1963年　千葉県生まれ．
- 1985年　第1級無線技術士（旧制度）合格．
- 1986年　東京農工大学電気工学科卒業，同年電子機器メーカ入社，長く電子回路設計業務に従事．
- 1994年　技術士（電気・電子部門）合格．
- 2002年　横浜国立大学大学院博士課程後期（電子情報工学専攻・社会人特別選抜）修了．博士（工学）．
- 2009年　アナログ・デバイセズ株式会社入社．
- 2018年　中小企業診断士登録．
- 現在　　同社リージョナルマーケティンググループ　セントラルアプリケーションズ　マネージャー．

- ●**本書記載の社名，製品名について** ─ 本書に記載されている社名および製品名は，一般に開発メーカーの登録商標です．なお，本文中では™，Ⓡ，Ⓒ の各表示を明記していません．
- ●**本書掲載記事の利用についてのご注意** ─ 本書掲載記事は著作権法により保護され，また産業財産権が確立されている場合があります．したがって，記事として掲載された技術情報をもとに製品化をするには，著作権者および産業財産権者の許可が必要です．また，掲載された技術情報を利用することにより発生した損害などに関して，CQ出版社および著作権者ならびに産業財産権者は責任を負いかねますのでご了承ください．
- ●**本書に関するご質問について** ─ 文章，数式などの記述上の不明点についてのご質問は，必ず往復はがきか返信用封筒を同封した封書でお願いいたします．勝手ながら，電話での質問にはお答えできません．ご質問は著者に回送し直接回答していただきますので，多少時間がかかります．また，本書の記載範囲を越えるご質問には応じられませんので，ご了承ください．
- ●**本書の複製等について** ─ 本書のコピー，スキャン，デジタル化等の無断複製は著作権法上での例外を除き禁じられています．本書を代行業者等の第三者に依頼してスキャンやデジタル化することは，たとえ個人や家庭内の利用でも認められておりません．

JCOPY〈(社)出版者著作権管理機構委託出版物〉

本書の全部または一部を無断で複写複製(コピー)することは，著作権法上での例外を除き，禁じられています．本書からの複製を希望される場合は，(社)出版者著作権管理機構(TEL：03-3513-6969)にご連絡ください．

ハイ・パフォーマンス・アナログ回路設計 理論と実際

2018年10月20日　初　版　発　行　　　　　　　　　　　　　　Ⓒ石井 聡 2018
2018年12月 1 日　第 2 版　発　行　　　　　　　　　　　　　　(無断転載を禁じます)

著　者　　石　井　　　聡
発行人　　寺　前　裕　司
発行所　　ＣＱ出版株式会社
〒112-8619　東京都文京区千石 4-29-14
電話　03-5395-2123(編集)

ISBN978-4-7898-4283-9　　　　　　　　　　　　　　03-5395-2141(販売)

(定価はカバーに表示してあります)　　　　　　DTP　　クニメディア株式会社
乱丁，落丁本はお取り替えします　　　　　　　印刷・製本　三晃印刷株式会社
　　　　　　　　　　　　　　　　　　　　　　　　　　　　　Printed in Japan